Bo Hanus

Hausversorgung mit alternativen Energien

Bo Hanus

Hausversorgung mit alternativen Energien

Leicht gemacht, Geld und Ärger gespart!

Mit 87 farbigen Abbildungen

Bibliografische Information der Deutschen Bibliothek

Die Deutsche Bibliothek verzeichnet diese Publikation in der Deutschen Nationalbibliografie;
detaillierte Daten sind im Internet über **http://dnb.ddb.de** abrufbar.

Wichtiger Hinweis

Alle Angaben in diesem Buch wurden vom Autor mit größter Sorgfalt erarbeitet bzw. zusammengestellt und unter
Einschaltung wirksamer Kontrollmaßnahmen reproduziert. Trotzdem sind Fehler nicht ganz auszuschließen. Der Verlag
und der Autor sehen sich deshalb gezwungen, darauf hinzuweisen, dass sie weder eine Garantie noch die juristische
Verantwortung oder irgendeine Haftung für Folgen, die auf fehlerhafte Angaben zurückgehen, übernehmen können.
Für die Mitteilung etwaiger Fehler sind Verlag und Autor jederzeit dankbar.
Internetadressen oder Versionsnummern stellen den bei Redaktionsschluss verfügbaren Informationsstand dar. Verlag
und Autor übernehmen keinerlei Verantwortung oder Haftung für Veränderungen, die sich aus nicht von ihnen zu ver-
tretenden Umständen ergeben.
Evtl. beigefügte oder zum Download angebotene Dateien und Informationen dienen ausschließlich der nicht gewerblichen Nutzung. Eine gewerbliche Nutzung ist nur mit Zustimmung des Lizenzinhabers möglich.

© 2007 Franzis Verlag GmbH, 85586 Poing

Alle Rechte vorbehalten, auch die der fotomechanischen Wiedergabe und der Speicherung in elektronischen Medien. Das
Erstellen und Verbreiten von Kopien auf Papier, auf Datenträgern oder im Internet, insbesondere als PDF, ist nur mit aus-
drücklicher Genehmigung des Verlags gestattet und wird widrigenfalls strafrechtlich verfolgt.

Die meisten Produktbezeichnungen von Hard- und Software sowie Firmennamen und Firmenlogos, die in diesem Werk
genannt werden, sind in der Regel gleichzeitig auch eingetragene Warenzeichen und sollten als solche betrachtet werden.
Der Verlag folgt bei den Produktbezeichnungen im Wesentlichen den Schreibweisen der Hersteller.

Satz: PC-DTP-Satz u. Info. GmbH
art & design: www.ideehoch2.de
Druck: Legoprint S.p.A., Lavis (Italia)
Printed in Italy

ISBN 3-7723-**5930**-2

Vorwort

Es heißt, dass wir in einer Informationsgesellschaft leben und dass Informationen zu einer wichtigen Ware geworden sind. Daher sollte darauf geachtet werden, dass diese Ware – wie jede andere Ware auch – fehlerfrei und möglichst perfekt ist.

Informationen, die Sie in diesem Buch finden, beruhen sowohl auf professionellen Erfahrungen und individuell vorgenommenen Testversuchen als auch auf gewissenhaften und fachlich fundierten Recherchen bei Herstellern und Anwendern. Wir nehmen dabei auch laufend diverse fragliche Angaben der Hersteller unter die Lupe und vergleichen hier objektiv. Die fachlich fundierten Informationen, die Sie in diesem Buch finden, beruhen somit nicht auf reinem Abschreiben von bestehenden Informationen oder Hersteller-Angaben, sondern auf gewissenhaft überprüften Fakten und technischen Daten.

Wir haben auch bei diesem Buch großen Wert darauf gelegt, Ihnen das themenbezogene Wissen so zu vermitteln, dass Sie alles leicht begreifen können. So können Sie sich ein eigenes Bild über den Sinn der einen oder anderen Anschaffung machen und in Ihre Überlegungen auch die Schwachstellen diverser Systeme einbeziehen, die von den Anbietern viel zu oft verschwiegen oder verschleiert werden – was ja verständlich ist. Und verständlich ist auch, dass einer, der Ihnen etwas verkaufen möchte, die Vorteile seiner „Ware" möglichst in den schönsten Farben schildert.

Es ist allerdings schwierig, jemandem gezielt etwas zu empfehlen, da jeder andere Maßstäbe und Erwartungen hat. Daher dürfte sich dieses Buch für Sie als ein objektiver Ratgeber erweisen, in dem Ihnen viele Daten und Vergleiche als Bausteine für Ihre individuellen Entschlüsse zur Verfügung stehen.

Viel Spaß beim Lesen und viel Erfolg bei Ihren Planungen und eventuellen Neuanschaffungen wünschen Ihnen

Bo Hanus und seine Co-Autorin (& Ehefrau) Hannelore Hanus-Walther

Inhaltsverzeichnis

1	**Bescheid wissen und selber nachrechnen**	9

2	**Alternative Energien für die Hausversorgung**	17

3	**Solarthermische Anlagen**	21

4	**Heizen mit Holzpellets und Scheitholz**	39
4.1	Kleine Holzpellet-Öfen	41
4.2	Holzpellet-Zentralheizungen	47
4.3	Pellet-/Scheitholz-Öfen und Kombikessel	51
4.4	Die Brennstoff-Qualität	53
4.5	Planungsüberlegungen	54
4.6	Holzöfen und Festbrennstoff-Heizkessel	59
4.7	Kachelöfen und offene Kamine	60

Inhaltsverzeichnis

5	**Wärmepumpen**	63
5.1	Wärmepumpen-Systeme mit Erdsonden	69
5.2	Planungsüberlegungen	70
5.3	Kaufberatung	75
5.4	Wärmepumpen-Systeme mit Erdkollektoren	79
5.5	System mit Luftwärmepumpen	82
5.6	System mit Grundwasser-Nutzung	83

6	**Solarelektrische (Fotovoltaik-) Anlagen**	87
6.1	Direkte Solarstromversorgung eines Gleichstrom-Verbrauchers	93
6.2	Solarstromversorgung über einen Akku	94
6.3	Wahl des richtigen Solarmoduls	98
6.4	Der optimale Ladestrom	100
6.5	Verschaltung von mehreren Solarmodulen	102

7	**Der Wind ist auch noch da...**	105

Inhaltsverzeichnis

8   Private Kleinwasser -Kraftwerke   109

**9   Ratschläge zu baulichen Maßnahmen bei
Neubau und Altbau sowie Tipps zum
sinnvollen Energiesparen**   111

9.1   Sinnvoll Energie und Geld sparen?   114
9.2   Wo und wie kann man Strom sparen?   119
9.3   Die heimlichen Stromfresser   121
9.4   Die größeren Stromfresser   123
9.5   Einsparungsmöglichkeiten bei den Heizkosten   124

Stichwortverzeichnis   127

1 Bescheid wissen und selber nachrechnen

Wir haben als Verfasser dieses Buches bereits im Vorwort darauf hingewiesen, dass es sich hier um ein Werk handelt, bei dem der größte Wert auf Objektivität der Informationen gelegt wird. Das ist bei einem gewissenhaft verfassten technisch orientierten Buch nicht schwer, denn technische Daten stellen Fakten dar, an denen sich nicht zu sehr rütteln lässt.

Viele der Informationen, die Sie in diesem Buch finden, weisen auch auf die Schwachstellen und Nachteile diverser Anwendungsarten der alternativen Energien hin, die ansonsten im Zusammenhang mit verkaufsfördernden Angeboten viel zu oft verschwiegen oder verschleiert werden.

1 Bescheid wissen und selber nachrechnen

Der üblicherweise hervorgehobene Hinweis darauf, dass man aus vielen der alternativen Energiequellen die Energie umsonst bekommt und dass so etwas deutlich umweltfreundlich ist, hat sicherlich eine Berechtigung. Leider kommt es dabei nicht selten vor, dass man für so manchen Tropfen der kostenlosen Energie zwei bis drei Tropfen eines finanziellen Aufwandes opfern muss. Das wäre auch nicht so schlimm, wenn dies erstens nicht so teuer wäre und zweitens so ein Aufwand tatsächlich als ein echter Beitrag für eine bessere Zukunft der Menschheit oder der Umwelt pauschal geltend gemacht werden könnte.

Der Haken an der ganzen Sache liegt aber oft darin, dass zwar die eigentliche „alternative Energie" umsonst vorhanden ist, aber um sie nutzen zu können, sind Vorrichtungen, Geräte und Systeme erforderlich, die sehr aufwändig sind. So wird bei der Herstellung, Installation und Wartung solcher Anlagen manchmal sogar mehr Energie verbraucht, als überhaupt je aus der an sich umweltfreundlich funktionierenden Anlage während ihres „Daseins" herausgeholt werden kann.

Bedauerlicherweise handelt es sich zudem bei den meisten der bisher angewendeten Systeme der Nutzung alternativer Energien nur bedingt – oder nur ausnahmsweise – um wirklich zukunftsweisende Lösungen. So stellt beispielsweise eine technisch fundierte Nutzung der Wasserkraft eine der wenigen erfolgreichen Nutzungsarten der natürlichen Energie dar. Mit der Windenergie-Nutzung ist es schon etwas fraglicher, denn ausreichend viel Wind gibt es nur an ausgesuchten Standorten. Der Wind ist aber auch dort nicht immer vorhanden und zudem sind Windgeneratoren als Energieerzeuger sehr teuer. Inzwischen stehen etliche, völlig fehlplatzierte, riesige Windgeneratoren auch in windarmen Gebieten – worunter z. B. in Mittelfranken – „in der Gegend herum" und warten auf Wind, den es da noch nie ausreichend oft gegeben hat. Ihre Windräder drehen zwar meist „sichtbar", aber erzeugen dabei ähnlich wenig Energie, wie der Dynamo eines Fahrrads, dass ein Spaziergänger nur neben sich führt (also so gut wie nichts).

Eine alternative Energieerzeugung – oder Nutzung – hat nur dann Zukunftschancen, wenn sie in einem vertretbaren Kostenverhältnis zu den Weltmarkt-Preisen der herkömmlichen Energien steht. Was darunter konkret zu verstehen ist, lässt sich leider nicht immer einfach ausrechnen, denn schon die Preise der Heizstoffe und diverser Energiequellen stellen hier unbekannte Faktoren dar, deren Entwicklung niemand so richtig vorhersagen kann. Bei den Planungsüberlegungen und Kostenvergleichen bleibt uns dennoch nichts an-

Abb. 1 – Auf den Dächern ist ja Platz genug: solarthermische Dachanlagen werden überwiegend zum Nachheizen des Wassers in Warmwasserspeichern des Zentralheizungs-Systems genutzt

1   Bescheid wissen und selber nachrechnen

Abb. 2 – Wasserkraft gehört zu den Kräften der Natur, die unter günstigen Umständen sehr erfolgreich in andere Energie-Arten (vor allem in elektrischen Strom) umgewandelt werden können

ist es nicht schwer, wenn man weiß, worum es da eigentlich geht, was man von ihnen erwartet und was sie für das investierte Geld zurückverdienen. Und das, was sie tatsächlich zurückverdienen, steht nicht immer in einem vertretbaren Verhältnis zu dem Aufpreis der manchmal für jedes zusätzliche Stückchen Blech dem Kunden abverlangt wird.

Unserer *Tabelle 1* können Sie entnehmen, welchen „Heizwert" bzw. „Energieinhalt" diverse Brennstoffe haben, die technisch elegant als „Primärenergieträger" bezeichnet werden.

Um eventuellen Missverständnissen vorzubeugen: Die in *Tabelle 1* aufgeführten Daten stimmen mit den Daten überein, die u. a. auch das *Bayerische Staatsministerium für Wirtschaft, Verkehr und Technologie*, sowie auch das *Bayerische Staatsministerium für Umwelt, Gesundheit und Verbraucherschutz* als offizielle Daten anwendet. Allerdings bilden hier die Holzpellets eine gewisse Grauzone, da sie aus unterschiedlichen Hölzern mit unterschiedlichen Heizwerten erzeugt werden. Der in der *Tabelle 1* angegebene Heizwert stellt daher nur einen optimalen Heizwert dar, der nicht unbedingt für alle Pellets als ein Festwert geltend gemacht werden kann.

deres übrig, als von den jeweils momentanen Preisen auszugehen, denn zuverlässige Prognosen gibt es nicht.

Mit Ausnahme der Kosmetik- und Modebranche wird sonst nirgendwo mit so vielen "verkaufsfördernd modifizierten" Sprüchen alles hochgejubelt, wie bei der Umwelttechnik. Dabei ist es gerade bei der Technik als solcher sehr leicht, etwas nachzurechnen und die Zahlen ähnlich zu vergleichen, wie man es bei jeder anderen Ware auch macht

Auch mit dem Preisvergleich der Geräte – wie z. B. bei diversen Heizkesseln oder Heizungssystemen –

1 Bescheid wissen und selber nachrechnen

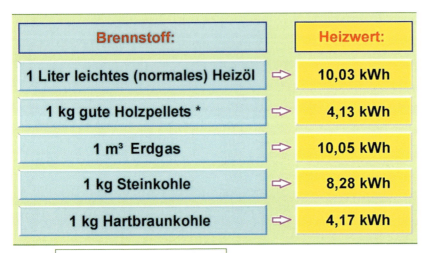

Brennstoff:	Heizwert:
1 Liter leichtes (normales) Heizöl	10,03 kWh
1 kg gute Holzpellets *	4,13 kWh
1 m³ Erdgas	10,05 kWh
1 kg Steinkohle	8,28 kWh
1 kg Hartbraunkohle	4,17 kWh

* durchschnittlicher Energieinhalt

Tabelle 1 – Heizwert (Energieinhalt) der wichtigsten Brennstoffe in kWh (Kilowattstunden)

Sie brauchen als Leserin oder Leser nicht technisch begabt zu sein, um an der Hand dieser Angaben objektive Vergleiche diverser Brennstoffe vornehmen zu können.

Der **Heizwert** (Energieinhalt) eines Brennstoffs informiert uns darüber, wie viel Wärme der Brennstoff bei der Verbrennung (pro Kilo, pro Liter oder pro Kubikmeter) abgeben kann. Dies ist vor allem wichtig bei Preis- und Mengenvergleichen diverser Brennstoffe. Leider können in eine solche Tabelle nicht gleich auch die Preise der Brennstoffe einbezogen werden, da sie ständigen Veränderungen unterliegen. Mit einem kurzen telefonischen Anruf bei zwei oder drei der örtlichen Heizöl-Lieferanten (die meistens auch Holzpellets vertreiben) können Sie sich jedoch bei Bedarf schnell über die aktuellen Preise der Brennstoffe erkundigen, die Sie für Ihre Planungsüberlegungen brauchen. Dasselbe gilt auch für Gas und Strompreise, bei denen oft ein einziger Anruf bei dem zuständigen Energieversorger genügt. Die Telefonnummer finden Sie meist auf der letzten Rechnung.

Die in *Tabelle 1* angegebenen Heizwerte sind für **tatsächliche** Kostenvergleiche einzelner Brennstoffe wichtig. Angenommen, Sie spielen mit dem Gedanken, Ihre Öl-Heizung durch eine Holzpellets-Heizung zu ersetzen, weil Sie in einigen Prospekten oder Zeitschriften gelesen haben, dass Sie dadurch viel Geld sparen können. Dabei wird in diesen Zusammenhang oft behauptet, dass **etwa 2 kg Holzpellets „überschlägig"** dieselbe Heizleistung erbringen, wie 1 Liter Heizöl. Ist es dem aber wirklich so?

Einige der zuverlässigen Holzpellets-Anbieter geben an, dass ihre „Qualitäts-Holzpellets" einen Heizwert von **4.200 Kilokalorien pro kg** haben. Kalorien sind zwar als die verbindliche Einheit für Energie seit 1978 durch Joule (J) ersetzt worden, aber das braucht uns nicht zu stören, denn eine Umrechnung auf Joule ist nicht schwer:

1 Kilokalorie = 4.184 Joule und 4.200 Kilokalorien = ergeben somit einen **Heizwert** von 17.572.800 Joule – also ca. **17,57 Millionen Joule**. Was für eine Respekt einjagende Zahl! Aber wir lassen uns dadurch nicht einschüchtern, denn

1 Bescheid wissen und selber nachrechnen

ein einfacher Vergleich mit dem Heizwert von Heizöl genügt:

Der Energieinhalt (Heizwert) vom Heizöl wird offiziell mit 42,7 Millionen Joule (Megajoule [MJ]) pro Liter angegeben. Jetzt rechnen wir nach:

42,7 MJ (Heizöl) : 17,57 MJ (Holzpellets) = 2,43

Dies beinhaltet, dass 2,43 kg Holzpellets denselben Heizwert, wie 1 Liter Heizöl haben.

Als tatsächlich „überschlägig" dürfte daher gelten, dass anstelle eines Liters Heizöl in Wirklichkeit nicht 2 kg sondern ca. 2,4 kg Holzpellets erforderlich sind, um dieselbe Heizleistung zu erzielen. Das macht bei den heutigen Heizöl- und Holzpellet-Preisen einen großen Unterschied aus!

Den tatsächlichen Kostenvergleich in Hinsicht auf die aktuellen Preise der zwei Brennstoffe kann man nach dem folgenden Beispiel selber machen. Wir wenden für unsere Berechnungsbeispiele die Preise vom Heizöl (54 Cent pro Liter) und von Holzpellets (26,4 Cent pro kg) an, die bei Großabnahmen im November 2006 (im letztem Augenblick vor der Herstellung dieses Buches) im Landesdurchschnitt galten:

Bemerkung: Bei normalem Brennholz gilt „überschlägig": 1 m³ = ca. 700 kg.

> **Fazit**
>
> Bei den momentanen Heizöl- und Holzpellets-Preisen stehen die Holzpellets als Brennstoff ungünstig da. Das könnte sich jedoch ändern, wenn die Heizöl-Preise kräftiger steigen als die Holzpellet-Preise. Anderseits sollte nicht außer Acht gelassen werden, dass die Herstellung der Holzpellets noch großzügig mit Fördermitteln unterstützt wird – was möglicherweise eines Tages aufhört oder verringert wird. Abgesehen davon steigen in letzter Zeit die Holzpreise. So könnten unter Umständen die Holzpellets zu einem Brennstoff werden, der eher für kleinere Wohnraum-Öfen als für größere Heizkessel geeignet ist.

1 Liter Heizöl hat denselben Heizwert wie ca. 2,43 kg Holzpellets

Kostenvergleich: 1 Liter Heizöl kostet 54 Cent *
2,43 kg Holzpellets kosten 64 Cent *

* Dieser Kostenvergleich beruht auf Brennstoffpreisen vom November 2006 (für größere Abnahmen): Heizöl kostete ca. 54 Cent pro Liter, Holzpellets kosteten ca. 26,43 Cent pro kg.

Wenden Sie bitte für Ihren Preisvergleich die jeweils aktuellen Brennstoffpreise an

1 Bescheid wissen und selber nachrechnen

Mit Hilfe der *Tabelle 1* können Sie auch einen objektiven Kostenvergleich zwischen Heizöl und Gas machen, wenn Sie den Heizwert von Gas mit dem Heizwert von Heizöl vergleichen:

Der Heizwert von **1 Liter Heizöl** gleicht annähernd dem Heizwert von **1 m³ Erdgas**

Ausgehend davon, dass der Gaspreis an den jeweiligen Ölpreis angeglichen wird, dürfte 1 m³ Gas nicht teurer (bzw. zumindest nicht *erheblich* teurer) als 1 Liter Heizöl sein, wenn nur von dem eigentlichen Heizwert ausgegangen wird. In der Praxis bietet jedoch Gas als Brennstoff im Vergleich zum Heizöl z. B. folgende Vorteile:

- Der Anwender braucht keine Öltanks mit Zubehör.
- Gas verunreinigt weniger den Brenner noch den Heizkessel. Die Wartung ist dadurch einfacher, Funktionsstörungen kommen seltener vor als bei einem Öl-Heizkessel, das Reinigen des Heizkessels darf in längeren Zeitabständen erfolgen.
- Der Anwender braucht sich um eine laufende Bevorratung nicht zu kümmern und braucht diese nicht – wie beim Heizöl üblich ist – jeweils z. B. als einen ganzen Jahresvorrat voraus zu zahlen.
- Der Gas-Heizkessel ist ziemlich klein und kann z. B. auch in der Küche als ein Wandgerät

> **Hinweis**
>
> Viele der hier aufgeführten Informationen stützen sich auf Vergleiche mit den herkömmlichen Öl- und Gas-Zentralheizungen – denn andere bessere Vergleiche gibt es nicht. Möchten Sie etwas mehr über die Funktionsweise der Öl- und Gas-Zentralheizungen in Erfahrung bringen, um sich ein genaueres Bild über alle Zusammenhänge machen zu können, empfehlen wir Ihnen unser neues Heimwerker-Buch „**Öl und Gasheizung selbst warten und reparieren**" (ebenfalls von Bo Hanus/Franzis Verlag).

Abb. 3 – Kleinere Gas-Heizkessel können auch in der Küche installiert und bei Bedarf mit einer solarthermischen Dachanlage zusammenarbeiten (Foto: Viessmann)

1 Bescheid wissen und selber nachrechnen

(Abb. 3) installiert werden (ein Öl-Heizkessel ist zwar auch als Wandgerät erhältlich, sein Brenner ist jedoch meistens merklich lauter, muss wegen der häufigeren Wartung leicht zugängig sein und er kann bei einem Defekt kräftiger rauchen und stinken).

Gas gehört zwar nicht zu den „alternativen Brennstoffen", eignet sich aber gut für eine Kombination mit diversen anderen umweltfreundlichen (regenerativen) Energien.

Für den Heizkosten-Vergleich diverser kompletter Heizsysteme benötigen Sie selbstverständlich auch die Preise der vorgesehenen Geräte, Vorrichtungen und evtl. Brennstoff-Behälter inklusive aller Installationskosten und zusätzlicher Aufwendungen. Dazu sind z. B. auch ein Wartungsvertrag und Ersatzteile einzurechnen (Ersatzteile sind auch bei einem Wartungsvertrag nicht kostenlos).

Bei manchen „Speziallösungen", zu denen z. B. Wärmepumpen-Anlagen gehören, sind auch bauliche Maßnahmen oder Kosten für die Instandsetzung einer Gartenanlage einzurechnen, die durch die angefallenen Installationsarbeiten strapaziert oder verwüstet wurde.

Teilen Sie dann nach dem nun

Beispiel A

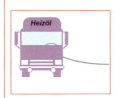

a) Ein neuer Öl-Heizkessel mit Warmwasser-Boiler kostet mit der ganzen Installation **6.000,– €** und seine Lebensdauer liegt erfahrungsgemäß bei ca. 14 bis 16 Jahren. Wir teilen die Anschaffungskosten der Anlage „sicherheitshalber" nur durch 14 Jahre. Daraus ergibt sich eine **Abschreibung** der Anlage von ca. **429,– € pro Jahr**.

b) Neue Öltanks kosten mit Installation 3.200,– €. Ihre voraussichtliche Lebensdauer liegt bei ca. 20 bis 25 Jahren. Wir teilen diesen Anschaffungsbetrag durch 20 Jahre. Daraus ergibt sich eine **Abschreibung** der Öltanks in Höhe von **160,– € pro Jahr**.

c) Die Wartung, die sich z. B. aus einem festen jährlichen Wartungsvertrag und zusätzlichen Ersatzeilen zusammensetzt veranschlagen wir mit **200,– € pro Jahr**.

d) Für das eigentliche Heizen (für die Brennstoff-Versorgung des Öl-Heizkessels) benötigen wir (erfahrungsgemäß) etwa 3.500 bis 3.900 Liter Heizöl, das bei den momentanen Preisen 54 Cent pro Liter kostet. Wir nehmen für diese Berechnung einen Durchschnittsverbrauch von 3.600 Liter Heizöl pro Jahr. Daraus ergeben sich Heizölkosten von **1.944,– € pro Jahr**.

e) Der Strombedarf für die Heizkessel-Elektronik, und das (bzw. die) Gebläse, sowie auch für drei elektrische Umwälzpumpen (Heizungs-Kreislauf, Kreislauf des Warmwasser-Behälters und Warmwasser-Zirkulation) liegt zwischen ca. 600 und 800 kWh. Wir nehmen die „goldene Mitte" von 700 kWh. Das ergibt bei momentanen Stromkosten von 0,17 € pro kWh einen **Jahresbetrag von 119,– €**.

1 Bescheid wissen und selber nachrechnen

Rekapituliert betragen die tatsächlichen Heizkosten pro Jahr

a) Öl-Heizkessel mit Boiler und Installation .... 429,– €
b) Neue Öltanks (falls erforderlich) .... 160,– €
c) Wartung & Ersatzteile .... 200,– €
d) Heizöl .... 1.944,– €
e) Stromkosten .... 119,– €
Summe .... **2.852,– €**

Bitte zu beachten

Die hier berechneten Heizkosten beruhen zwar auf tatsächlichen momentanen Durchschnittspreisen und Erfahrungswerten, aber es handelt sich hier verständlicherweise um keine „garantierten Festpreise". Nach diesem Beispiel können Sie sich jederzeit selber eine ähnliche Aufstellung von individuellen jährlichen Heizkosten machen, aber Sie müssen in die einzelnen Rubriken die jeweiligen aktuellen Preise vom Heizöl, Strom und von Anlagen einsetzen, die Sie sich anschaffen möchten.

In diesem Beispiel haben wir in die Rubrik „Stromkosten" auch den Stromkostenanteil von drei Umwälzpumpen eingerechnet, die bei jeder Zentralheizung – egal welcher Art – benötigt, bzw. „mindestens" benötigt werden (manche Systeme wenden vier oder auch fünf Umwälzpumpen an). Ohne diese Pumpen sinkt der Stromkosten-Anteil, den der Kessel für eigene Gebläse und eigene Elektronik benötigt, auf nur ca. 1/3 des hier aufgeführten Stromverbrauchs (als auf ca. 35,– €). Dieser an sich geringe Stromverbrauch ist als „Posten" von Bedeutung, wenn z. B. ein Öl-Heizkessel mit einem Holzpellet-Heizkessel verglichen wird: Durch das Motor betriebene Fördersystem der Pellets vom Silo zum Kessel verbraucht ein Pellet-Heizkessel „für sich selbst" mehr Strom als ein Öl-Heizkessel.

folgenden Beispiel (**A**) den kompletten Anschaffungspreis der ganzen Anlage durch die Anzahl der Jahre, die schätzungsweise ihrer Lebenserwartung entsprechen. So erhalten Sie eine konkrete jährliche **Abschreibungs-Summe,** die den tatsächlichen Bestandteil einer jeden Anlage – und in diesem Zusammenhang auch einen **festen Bestandteil der jährlichen Heizkosten** – darstellt.

Auf weitere ähnliche Berechnungs- und Planungsbeispiele werden wir in den folgenden „projektbezogenen" Kapiteln noch zurückkommen. Dieses eine Beispiel dient vor allem als eine Vorinformation, die Ihnen den Einstieg in den „Dschungel der Alternativen" etwas erleichtern dürfte.

Bemerkung

In unseren Berechnungsbeispielen rechnen wir oft mit exakten Zahlen, die wir nicht ab- oder aufrunden. Da heutzutage solche Berechnungen ohnehin mit Hilfe eines Taschenrechners vorgenommen werden, kompliziert es nicht die Berechnungen und bietet den Vorteil eines genaueren Vergleichs mit unseren Beispielen.

2 Alternative Energien für die Hausversorgung

2 Alternative Energien für die Hausversorgung

Wir fangen mit einer einfachen Auflistung der hypothetischen Möglichkeiten an, die als bekannte Formen der alternativen Energieversorgung zur Verfügung stehen:

- Solarthermische Anlagen
- Zentralheizungen mit Holzpellets
- Festbrennstoff Holzvergaserkessel als Zentralheizungs-Wärmequelle
- Energiesparende Kaminöfen, Kachelöfen und andere Wärmequellen
- Wärmepumpen
- Solarelektrische (Fotovoltaik-) Anlagen
- Nutzung der Windenergie
- Nutzung der Wasserkraft
- Speziellere Energiequellen (Biogas & Co)

Zu den wichtigsten Fragen bezüglich der Nutzung alternativer Energien gehört vor allem die Grundfrage zu Ihren Beweggründen: Steht im Vordergrund die Suche nach kostengünstigen Lösungen bei der Energieversorgung oder geht es Ihnen vor allem darum, dass Sie „irgendeinen" konkreten Beitrag für die Umwelt leisten möchten? Als weitere Beweggründe könnten noch der Wunsch nach einer gewissen Unabhängigkeit, der Forschungstrieb oder einfach der Spaß am Mitmachen in Frage kommen.

Insofern Sie es sich erlauben können, die Errichtungskosten einer spezielleren Anlage für die Nutzung einer der alternativen Energien völlig problemlos aus eigenen Mitteln zu zahlen, dürften Sie bei den Planungsüberlegungen etwas großzügiger mit der Rendite-Berechnung umgehen. Sind Sie dagegen in diesem Zusammenhang vor allem auf der Suche nach Alternativen, die sich auf Ihren Haushalt wirklich kostensenkend auswirken sollen? Dann wird es sich für Sie lohnen, dass Sie sich in die hier beschriebenen Vor- und

Abb. 4 – Zwischendurch etwas genauer nachzurechnen ist immer sinnvoll, aber erkundigen Sie sich dabei jeweils genau über die aktuellen Preise der Heizstoffe, der Geräte und der Anlagen, sowie auch über die Installationskosten

Nachteile der einzelnen Systeme etwas mehr vertiefen. Von den individuellen Gegebenheiten hängt dann ab, welches der hier beschriebenen Systeme Sie in Ihre Planungsüberlegungen am besten einbeziehen sollten, oder ob Sie eventuelle zu kostspielige Pläne vorerst lieber auf Eis legen.

Welche Beweggründe bei Ihnen auch Vorrang haben, eines steht im Zusammenhang mit unseren Buchthemen fest: Wenn Sie sich ein wirklich brauchbares Bild über die Nutzung der alternativen Energien machen möchten, sollten Sie den hier erläuterten Kostenauflistungen und Kostenvergleichen einzelner Systeme eine angemessene Aufmerksamkeit widmen. Ein Stück Papier, einen Kugelschreiber und einen Taschenrechner sollten Sie dabei bevorzugt immer bei der Hand haben.

Reine Standard-Werbesprüche diverser Anbieter bzw. Publikationen haben gerade auf diesem Gebiet oft einen ähnlichen Stellenwert, wie die Werbung für Haarwuchsmittel. Genau genommen ist es mit den alternativen Energien noch viel schlimmer, denn hier kann man sich – im Gegensatz zu den Haarwuchsmitteln – nicht an eindeutigen Erfahrungswerten orientieren. Es

2 Alternative Energien für die Hausversorgung

passiert dann in der Praxis nicht selten, dass einem gut-gläubigen Kunden - im übertragenen Sinne - mit einer Kuckucksuhr auch noch ein großer Sack Vogelfutter (für den Kuckuck) verkauft wird. Daher ist bei allen Planungs-überlegungen, die sich in der Richtung der „umwelt-freundlichen" oder „energiesparenden" Produkte und Systeme bewegen, höchste Vorsicht geboten, die bevor-zugt auch mit einer angemessenen Portion von gesun-dem Misstrauen kombiniert werden darf.

Falls dies alles etwas zu kritisch klingen sollte, bedie-nen wir uns eines einfachen konkreten Beispiels:

Vor einiger Zeit flatterten mit der Post in die Einfami-lienhäuser Angebote von teuren, aber umweltfreund-lichen „intelligenten Steuerungen der Warmwasser-Zirkulationspumpen" *(Abb. 5)*. Als Rechtfertigung für den hohen Anschaffungspreis – und für den Grund der Anschaffung – wurde in den Prospekten behauptet, dass diese energiesparende Vorrichtung **einige Hun-dert Euro pro Jahr** sparen kann. So etwas klingt ja ganz eindrucksvoll. Der Witz ist aber, dass so eine Zirkulationspumpe eine Abnahmeleistung von beschei-denen 20 bis höchstens 26 Watt hat und maximal ca. 175 bis 228 kWh pro Jahr verbraucht. Bei einem Kilowattstunden-Preis von den gegenwärtigen ca. 15 Cent pro Kilowattstunde (Dezember 2006) betra-gen daher die gesamten Stromkosten der Zirkulations-pumpe **nur ca. 26,– bis 34,– € pro Jahr**.

Abgesehen davon, dass somit eine zusätzliche Steuerung also keinesfalls „einige Hundert Euro pro Jahr" einsparen kann, ist sie technisch ziemlich sinnlos, denn diese Zirkulationspumpen sind so dimensioniert, dass sie das Warmwasser in der Zirkulationsleitung „anwendungsbereit" warm halten. Wird der Warm-wasser-Umlauf durch zyklisches Abschalten der Zirku-lationspumpe periodisch unterbrochen, verliert das ganze System seinen ursprünglichen Sinn: nach dem Aufdrehen des Wasserhahns muss jeweils länger ge-

wartet werden, bis das „brauchbar" warme Wasser aus dem Boiler durch die Leitung ankommt bzw. bis sich erst auch noch die Rohrleitung wieder angemes-sen aufwärmt usw. Auch wenn eine derartige „intelli-gente Pumpensteuerung" die Hälfte der Stromkosten (also etwa 13,– bis 17,– Euro pro Jahr) einsparen wür-de, rächt sich diese Lösung automatisch u.a. auch noch durch einen höheren Wasserverbrauch, der während des jeweiligen Ablassen des zu kühlen Wassers ent-steht. Zudem fallen für das Nachwärmen des „zyklisch abgekühlten Wassers" zusätzliche Heizkosten an. Abgesehen davon ist es z. B. beim Duschen sehr unan-genehm, wenn nach dem Aufdrehen des Warmwasser-Hahns erst nur zu kühles Wasser ankommt, dass dann länger braucht, bevor es die endgültige Temperatur erreicht (bevor das Wasser aus dem Warmwasser-speicher im Keller z. B. in die Dusche im ersten Stock ankommt).

Wer sich den tatsächlichen Strombedarf seiner Zirkulationspumpe nicht so einfach ausrechnen kann, wie wir es in unserem vorhergehenden Beispiel getan haben, dem kann es also passieren, dass er sich im übertragenen Sinne für den Kuckuck in seiner Kuckucksuhr tatsächlich einen großen Sack Vogelfutter zulegt. Seine Fehlinvestition beruhte schlicht auf zu viel Vertrauen in die Werbung der Anbieter.

Ein positiv denkender Mensch möchte natürlich auch etwas Positives für seine Umwelt tun. Inwieweit sich dabei der Begriff Umwelt mit einem größeren „Aktionsradius" verbindet, dürfte individuell unter-schiedlich sein.

Während unserer Recherchen zu diesem Buch waren wir überrascht, wie schwer es vielen gewerbli-chen Anbietern, Architekten und Bauunternehmern fällt, konkrete kundenbezogene Kostenvergleiche oder Renditeberechnungen bei Anlagen mit alternativen Energien zu machen – oder zumindest zu schätzen.

2 Alternative Energien für die Hausversorgung

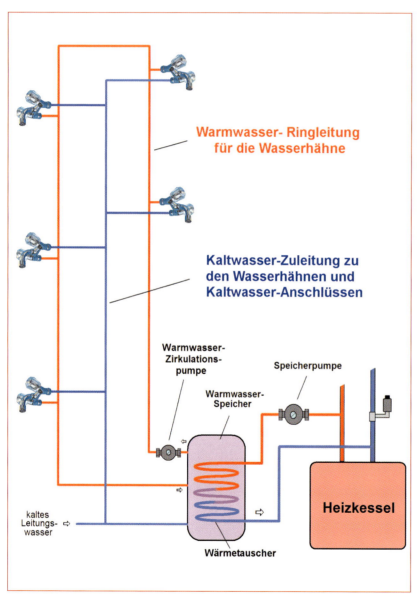

Abb. 5 – Die Zirkulationspumpe der Warmwasser-Ringleitung läuft zwar ununterbrochen Tag und Nacht, aber wenn sie der Installateur richtig dimensioniert hat, sollte ihr Lauf nicht durch irgendein Zusatzgerät zyklisch unterbrochen werden, da sie ansonsten ihre Berechtigung verliert

Die meisten Anbieter, Handwerksbetriebe und Lieferanten sind außer jedem Zweifel imstande, Ihnen eine wirklich gut funktionierende Anlage zu errichten und gute Materialien zu liefern. Und sie machen auch ihre Arbeit meist gewissenhaft und zuverlässig. Das hat aber leider nichts damit zu tun, was Ihnen – oder der Umwelt – die eine oder andere „alternative Anlage" konkret bringt.

Wer eine solche Anlage nicht als ein reines Schmuckstück oder als eine interessante Vorzeige-Vorrichtung errichten möchte, deren Rendite er nur einen ähnlichen Stellenwert einräumt, wie der Rendite seiner Modelleisenbahn, der möchte gerne Zahlen sehen. Nicht Zahlen aus irgendwelchen werbewirksamen Prospekten, sondern Zahlen, die sich konkret auf sein Vorhaben beziehen: Zahlen darüber, was eine solche Anlage kostet und was die Anlage pro Jahr oder während ihres Bestehens konkret zurückverdienen kann und wie umweltfreundlich sie arbeitet.

Anhand der technisch fundierten Auskünfte, die Sie in diesem Buch finden, können Sie sich leichter durch die Labyrinthe der vielen Möglichkeiten durchbeißen, Dichtung von Wahrheit unterscheiden und Lösungen aus dem Weg gehen, die Ihnen für Ihre Zwecke zu riskant oder zu teuer erscheinen.

3 Solarthermische Anlagen

3 Solarthermische Anlagen

Die einfachste Version einer solarthermischen Anlage kennen alle Gärtner: In einem Gartenschlauch, der eine Zeit lang in der Sonne gelegen hat, heizt die Sonne das Wasser derartig kräftig auf, dass man damit die Pflanzen gar nicht gießen kann. Dafür lässt sich ein solcher Gartenschlauch an wärmeren Tagen als eine provisorische Dusche einsetzen.

Technisch eleganter lässt sich eine ähnliche Vorrichtung z. B. zum Aufwärmen des Wassers in einem Kinder-Planschbecken nach *Abb. 6/7* verwenden. Das Wasser zirkuliert über ein Aluminium-Wellblech (Dachblech), wird von der Sonne aufgewärmt und kehrt zurück in das Planschbecken. Die optimale Neigung des Wellblechs beträgt nur ca. 2 bis 3 mm pro Meter Länge in Richtung zu der „Dachrinne", die das aufgewärmte Wasser abfängt. Von hier aus fließt das Wasser durch eigenes Gewicht in das Planschbecken zurück. Nach oben – in ein Verteiler-Kupferrohr – wird das Wasser aus dem Planschbecken mit einer kleinen Umwälzpumpe (Springbrunnenpumpe) nach *Abb. 7* elektrisch heraufgepumpt.

Diese vereinfachte zeichnerische Darstellung ist einerseits als Inspiration für Tüftler gedacht, die keine nähere Bauanleitungen oder Ratschläge benötigen (das würde den Rahmen dieses Buches sprengen), anderseits erläutert sie greifbar das Prinzip der solarthermischen Wassererwärmung.

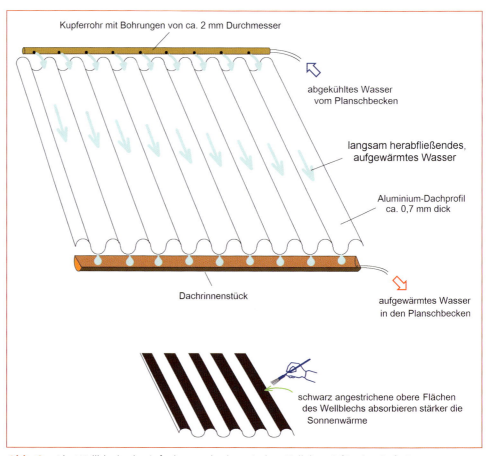

Abb. 6 – Alu-Wellblech als einfacher „solarthermischer Kollektor" für das Aufwärmen von Badewasser im Planschbecken

3 Solarthermische Anlagen

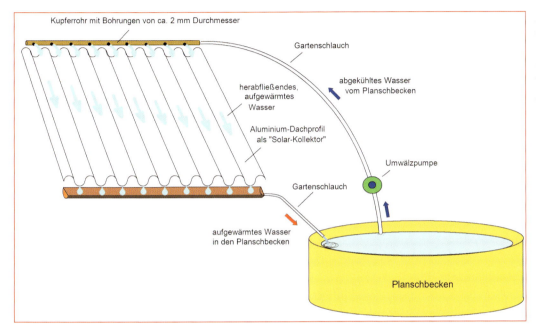

Abb. 7 – Prinzip einer einfachen „Anlage" für das solarthermische Aufwärmen von Planschbecken-Wasser

Die kleine Umwälzpumpe (Springbrunnenpumpe) kann wahlweise als netzbetriebene Wechselstrompumpe oder solarbetriebene Gleichstrompumpe ausgelegt sein. Eine Solar-Umwälzpumpe hat den Vorteil, dass sie keinen „gefährlichen" oder umständlichen Stromanschluss braucht. Sie hat allerdings den Nachteil, dass sie ein zusätzliches Solarmodul benötigt, das nicht

Abb. 8 – Kleinere thermische Solarkollektoren am Hausdach werden als einzelne Module auf eine beliebige Art und Weise am Dach zusammengestellt und meist zum Aufwärmen von Trinkwasser im Warmwasser-Speicher genutzt

3 Solarthermische Anlagen

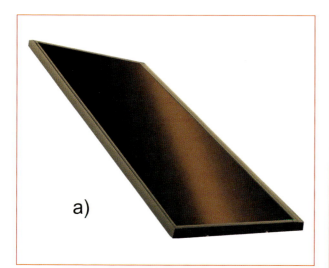

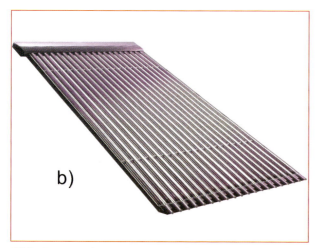

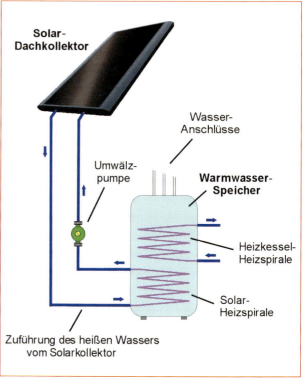

Abb. 10 – Das Prinzip einer solarthermischen Anlage für das Aufwärmen des Wassers im Warmwasser-Speicher ist einfach: Eine Umwälzpumpe pumpt zirkulierend das Wasser aus der Solar-Heizspirale des Warmwasser-Speichers in den Dachkollektor, in dem die Sonne das Brauchwasser aufwärmt

Abb. 9 – Zwei der gängigsten Ausführungsbeispiele von solarthermischen Dachkollektoren: a) Solarthermische *Flachkollektoren* sind preiswert und montagefreundlich; b) Solarthermische *Röhrenkollektoren* können durch ihre spezielle Vakuum-Wärmedämmung bereits bei geringer Sonneneinstrahlung und niedriger Außentemperatur Wärme erzeugen, sind jedoch wesentlich teurer als Flachkollektoren

gerade billig ist – obwohl anstelle eines Solarmoduls auch eine ältere Autobatterie verwendet werden kann.

Solarthermische Anlagen nutzen die Sonnenwärme zum direkten Aufwärmen von Wasser, Luft oder anderen Flüssigkeiten und Gasen. Dazu werden üblicherweise Sonnenkollektoren angewendet, die als Dachkollektoren, Fassadenkollektoren oder auch freistehend installiert sind.

3 Solarthermische Anlagen

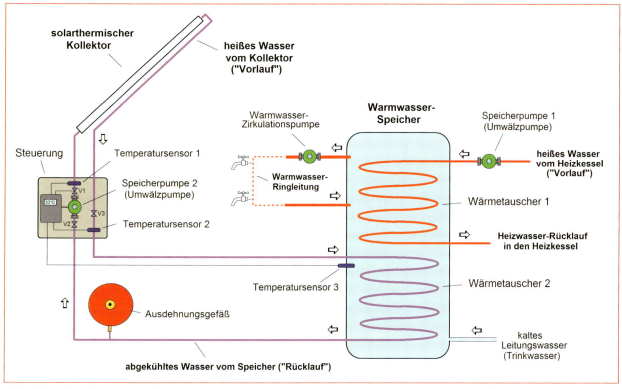

Abb. 11 – Obwohl das eigentliche Prinzip der solarthermischen Anlage einfach ist – wie vorhergehende Abbildung zeigt – benötigt das ganze System dennoch etliche zusätzliche Komponenten

Solarkollektoren haben viel Ähnlichkeit mit einem Radiator der Zentralheizung. Die Funktionsweise ist hier jedoch umgekehrt: dem Radiator einer Zentralheizung wird heißes Wasser zugeführt, das seine "Rippen" aufwärmt. Diese geben die Wärme weiter an die umliegende Luft ab. Bei einem Solarkollektor dagegen werden seine "Rippen" (Absorber) von der Sonne erwärmt, diese geben die Wärme an ein "Wärmeträgermedium" weiter, das Etwas aufwärmen kann. In den meisten Fällen wird als "Wärmeträgermedium" normales Wasser mit Frostschutzmittel angewendet, das – nachdem es von der Sonne aufgewärmt wurde – das Brauchwasser im Warmwasser-Speicher nach Abb. 10/11 aufwärmt bzw. nachwärmt.

Traditionell wird bei einer Öl- oder Gas-Zentralheizung das Brauchwasser im Warmwasser-Speicher nach dem Prinzip in Abb. 12 mittels einer einzigen Heizspirale aufgeheizt: Durch diese "Heißwasser-Spirale", die technisch elegant als "Wärmetauscher" bezeichnet wird, fließt dasselbe heiße Wasser durch, dass auch in den Kreislauf der Radiatoren oder der Fußbodenheizung über eine (zweite) *Umwälzpumpe* (**Heizkreispumpe**) nach Abb. 13 hineingepumpt wird.

3 Solarthermische Anlagen

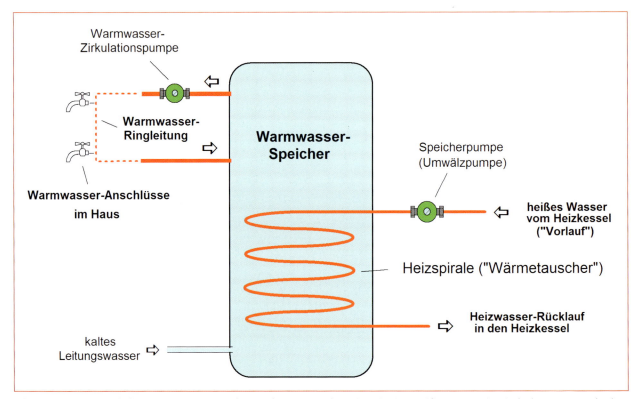

Abb. 12 – Herkömmliche Warmwasser-Speicher verfügen nur über eine einzige Heißwasser-Heizspirale (Wärmetauscher) und können üblicherweise nicht mit einer zweiten Heizspirale nachgerüstet werden, die für das solarthermische Aufwärmen des Wassers im Speicher erforderlich ist

Die in *Abb. 12* links eingezeichnete **Warmwasser-Zirkulationspumpe** können wir bei allen themenbezogenen Überlegungen ganz außer Acht lassen, denn bei einer optimal dimensionierten Heizungsanlage pumpt diese Zirkulationspumpe – ähnlich wie unser Herz – ununterbrochen Tag und Nacht. Sie ist üblicherweise fest an das elektrische Netz angeschlossen (bzw. steckt in einer Steckdose), wird weder irgendwie gesteuert oder geregelt und sorgt dafür, dass in der Warmwasser-Schleife immer warmes Wasser auf Abruf vorhanden ist. Früher wurden die Warmwasser-Leitungen nicht als Schleifen, sondern nur als reine Zuleitungen verlegt – was bei einigen älteren Gebäuden immer noch so geblieben ist. Hier muss dann jeweils nach dem Aufdrehen des Warmwasserhahns etwas gewartet werden, bis das warme Wasser aus dem Warmwasser-Speicher ankommt. Das ist nicht nur unangenehm, sondern verschwendet auch ziemlich viel Wasser (siehe Schaukasten auf Seite 28).

Ist es erwünscht, dass sich an dem Aufwärmen des Brauchwassers im Speicher auch noch ein

3 Solarthermische Anlagen

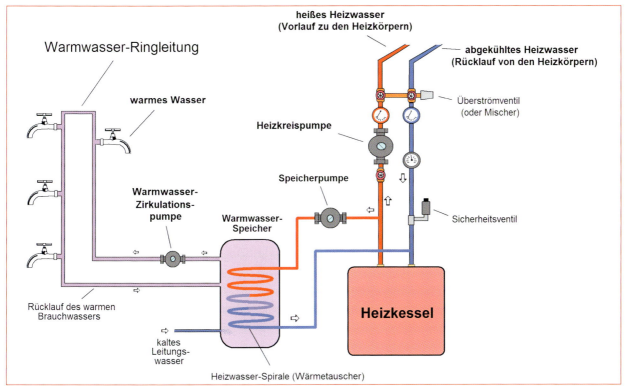

Abb. 13 – Funktionsweise eines herkömmlichen Öl- oder Gas-Heizkessels: Das im Kessel aufgeheizte Wasser heizt sowohl die Radiatoren im Haus als auch das Wasser im Warmwasser-Speicher auf

solarthermisches System (ein Solar-Dachkollektor) beteiligt, muss der herkömmliche Warmwasser-Speicher durch einen neuen (und teureren) Speicher ersetzt werden. Dies hat zwei Gründe:

- Der neue Warmwasser-Speicher muss über zwei Heizspiralen (Wärmetauscher) verfügen
- Der Literinhalt eines solar betriebenen Warmwasser-Speichers muss in der Regel wesentlich größer sein, als der eines „einfachen" Speichers, um auch längere sonnenarme Zeitspannen besser überbrücken zu können

Tipps zur richtigen Planung
Wird eine solarthermische Anlage installiert, benötigt der Warmwasserbehälter einen zweiten Wärmetauscher *(Wärmetauscher 2)*, der in Abb. 11 im Warmwasserspeicher *unten* eingezeichnet ist. Durch diesen Wärmetauscher zirkuliert an sonnigen Tagen das im Dachkollektor aufgewärmte Wasser oder eine andere Flüssigkeit, die technisch elegant als *Wärmeträgermedium* bezeichnet wird. Für den Umlauf sorgt eine kleine Umwälzpumpe. Eine zusätzliche Elektronik steuert dann nach *Abb. 11 und 14* automatisch das ganze thermische System so, dass – soweit möglich – die Son-

3   Solarthermische Anlagen

nenwärme für das Aufwärmen des Wassers im Wasserbehälter genutzt wird.

Der Zusatz „soweit möglich" bezieht sich dabei nicht nur auf die jeweiligen Wetterbedingungen, sondern auch auf den tatsächlichen Bedarf. Darunter ist zu verstehen, dass die solarthermische Anlage das Wasser im Warmwasser-Speicher (Boiler) nur in dem Umfang aufwärmen kann, der sich jeweils aus dem „Nachholbedarf" ergibt: Hat beispielsweise das Wasser im Speicher eine Temperatur von **50 °C** und das Wasser im Dachkollektor eine Temperatur von **60 °C**, kann es das Wasser im Speicher bis auf die 60 °C aufwärmen. Sinkt z. B. die Wassertemperatur im Boiler abends nach dem Duschen auf z. B. **40 °C** und das Wasser im Dachkollektor ist inzwischen auf ca. **39 °C** abgekühlt, schaltet die Elektronik der Solaranlage die *Speicherpumpe 2 (Abb. 14)* ab, damit das kalte Wasser vom Dachkollektor das Wasser im Speicher nicht noch mehr abkühlt. In dem Fall springt aber ohnehin der Öl- oder Gasheizkessel schon in dem Moment ein, wenn das Wasser im Speicher unter die eingestellte Temperatur sinkt (also z. B. noch während des Duschens).

Das eigentliche Prinzip ist auf den ersten Blick leicht zu durchschauen, aber eben nur das Prinzip

Wird der Heizkessel auf Sommerbetrieb umgeschaltet, schaltet seine Elektronik die *Heizkreispumpe (Abb. 11/14)* ab und bedient weiterhin nur noch die *Speicherpumpe*. Diese Bedienung der Speicherpumpe verdient nähere Erläuterung.

Die Grundfunktion eines herkömmlichen Warmwasser-Speichers ist einfach: Durch die hohle Heizwasser-Spirale (den Wärmetauscher) des Warmwasser-Speichers pumpt die Speicherpumpe nach Bedarf das heiße Wasser aus dem Heizkessel jeweils so lange durch, bis sich das Wasser auf die eingestellte Temperatur aufgewärmt hat. Ein im Speicher eingebauter Thermostat überwacht die Brauchwasser-Temperatur und schaltet über die Heizkesselelektronik die *Speicherpumpe* ab, sobald die Temperatur den eingestellten Wert (von z. B. 50 °C) erreicht hat und schaltet die *Speicherpumpe* erst dann wieder dann ein, wenn die Warmwasser-Temperatur auf etwa 45 °C gesunken ist. Die hier angegebenen Höchst- und Tiefstwerte der Wassertemperatur kann sich meist der Anwender selber einstellen.

Während der Heizkessel auf Sommerbetrieb umgeschaltet ist, wird kein heißes Wasser für die Heizkörper benötigt und der Heizkessel steht daher nur noch für den Warmwasserspeicher zur Verfügung. Da während der warmen Jahreszeit das Wasser im Speicher nur sporadisch benötigt wird und zudem auch wesentlich langsamer abkühlt, braucht der Heizkessel nicht durchlaufend einen Vorrat an heißem Heizwasser für den Speicher parat zu halten. Daher lässt er das Wasser in seinem Kessel in den Zwischenzeiten etwas abkühlen und schaltet seinen Brenner immer erst dann ein, wenn er von dem Thermostat im Speicher einen „Einschaltbefehl" erhält (sobald die Wassertemperatur im Speicher auf ein vorgegebenes Minimum von z. B. 45 °C gesunken ist).

Ein solcher Einschaltbefehl schaltet in dem Fall nicht gleich die Speicherpumpe, sondern erst nur den Heizkessel-Brenner ein (ansonsten würde das kalte Wasser aus dem Heizkessel das Wasser im Speicher nicht aufwärmen, sondern abkühlen). Erst nachdem das Wasser im Kessel auf eine Temperatur von z. B. 50 °C gestiegen ist, schaltet die Kesselelektronik die Speicherpumpe ein und pumpt in die Heizspirale (in den Wärmetauscher) des Speichers das heiße Wasser hinein, um das Brauchwasser wieder auf den Soll-Wert aufzuwärmen.

3 Solarthermische Anlagen

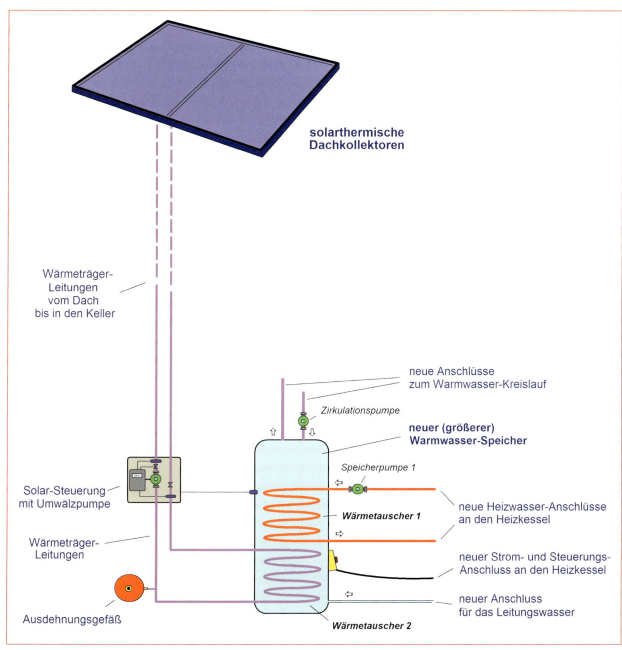

Abb. 14 – Diese bildliche Darstellung ermöglicht Ihnen eine schnelle Übersicht darüber, mit welchem Aufwand eine einfache Installation von solarthermischen Dachkollektoren verbunden ist: die einzelnen zusätzlichen Materialien und Installationen sind hier mit blauer Schrift hervorgehoben

3   Solarthermische Anlagen

als solches. In Wirklichkeit hat das ganze System sehr viele Schwachstellen, über die man bereits im Planungsstadium im Bilde sein sollte:

Das Problem fängt damit an, dass sich bei solarthermischen Anlagen – im Gegensatz zu den fotovoltaischen Anlagen – die Energie nicht mit Hilfe eines einfachen und preiswerten Elektrokabels zum „Verbraucher" bringen lässt. Sie muss zu ihm (als warmes Wasser oder als anderes „Wärmeträgermedium") mit wärmeisolierten Rohren geleitet werden. Wenn es sich dann um das Aufwärmen von Brauchwasser (Trinkwasser) handelt, dessen Speicher im Keller neben einem Heizkessel steht, wird die Installation der Leitungsrohre zu einer kostspieligen Angelegenheit. Was alles dafür erforderlich ist, können Sie der *Abb. 14* entnehmen.

Einige der „moderneren" solarthermischen Systeme sind auch noch für eine sogenannte „Unterstützung des Heizkessels" ausgelegt. Dies beinhaltet, dass in dem Fall die solarthermische Vorrichtung auch noch mit dem Öl- oder Gasheizkessel verbunden wird, um das Heizwasser im Kessel auf- oder nachzuwärmen. Objektiv bewertet handelt es sich bei diesem Nachwärmen wirklich nur um einen Tropfen auf den heißen Stein, der den Aufpreis in etwa erst dann rechtfertigen könnte, wenn z. B. ein Liter Heizöl mehr als ca. 20 € kosten würde (bei einer Null-Inflationsrate).

Diese Bewertung beruht auf der Tatsache, dass ein normal laufender Heizkessel nur sehr selten von einer zusätzlichen Nachwärmung profitieren kann, da sein Thermostat das Heizwasser „technisch bedingt" auf einer voreingestellten Temperatur halten und diese „aus eigener Kraft" (mit Heizöl oder Gas) laufend aufrecht erhalten muss. Das Solarmodul bekommt somit nur ausnahmsweise die Gelegenheit, um als „Lückenbüßer" einzuspringen – wofür übrigens auch noch eine zusätzliche teure Elektronik in der Solar-Steuerung integriert werden muss.

Warum so etwas dennoch gemacht wird? Es ist technisch gerechtfertigt, dass die Entwicklungs-Ingenieure alle Möglichkeiten der Sonnenwärme-Nutzung ausschöpfen „koste es was es wolle", denn der Preis einer Ware spielt so lange keine Rolle, so lange eine solche Ware vom Kunden akzeptiert und bezahlt wird. Und da hier der Kunde meistens „null Ahnung" davon hat, wie so ein System funktioniert, kann er auch nicht beurteilen, wofür ihm sein Geld abverlangt wird und wo die echte Schmerzgrenze zwischen einer sinnvollen Technik und verschenktem Geld liegt.

Dies gilt auch für die Grundbewertung der tatsächlichen Heizkosten-Einsparung:

Die eigentliche Wasseraufwärmung mit Hilfe der Gas- oder Ölzentralheizung verbraucht in Wirklichkeit einen geringeren Anteil des Brennstoffs, als es manche Anlagen-Anbieter ihren Kunden gerne einzureden versuchen. *Abb. 15* zeigt leicht nachvollziehbar, wie es mit den „Portionen des Kuchens" in Wirklichkeit aussieht, die auf die Beheizung der Räume und das Aufwärmen von Brauchwasser im Speicher entfallen.

Den Brennstoffverbrauch, der auf die Warmwasser-Aufbereitung entfällt, kann jeder, der bereits einen Öl- der Gasheizkessel betreibt, leicht selber ermitteln, indem er sich während der Sommermonate den Gas- oder Ölverbrauch für das Aufwärmen des Wassers notiert und in Kosten umrechnet. Ein evtl. Einsatz von Solarkollektoren, die hier oft nur einen relativ kleinen Teil der Heizkosten einsparen können, lässt sich danach an der Hand von konkreten Zahlen ausreichend genau ermitteln.

Die Einsparung von Gas oder Öl ist deshalb ziemlich gering, weil eine Öl- oder Gas-Zentralheizung eines Einfamilienhauses **durchschnittlich nur etwa 8% bis 12% des Brennstoffes für das eigentliche Aufwärmen des Brauchwassers (im Speicher)** verbraucht. Der restliche Brennstoffverbrauch entfällt in der Regel auf das Beheizen des Hauses. Individuell kann natürlich der Warm-

3 Solarthermische Anlagen

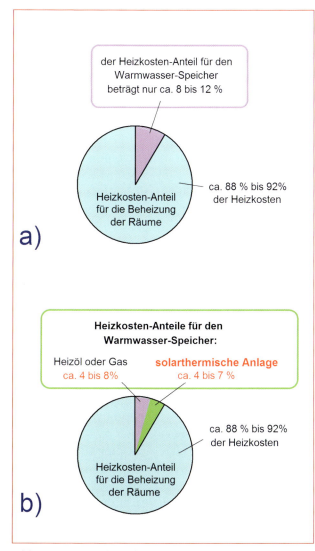

Abb. 15 – Der Verbrauch von Heizöl oder Gas bei einer Zentralheizungs-Hausanlage, der für das Aufwärmen und Warmhalten des Warmwassers im Speicher entfällt, ist geringer, als viele Anwender schätzen: a) Einteilung der Heizkosten bei einem herkömmlichen Gas- oder Ölkessel; b) Der Beitrag eines solarthermischen Systems zu der Heizkosten-Einsparung ist gering.

wasserverbrauch von diesen Angaben prozentuell ziemlich abweichen – was vor allem dann zutreffen dürfte, wenn die Hausbewohner während der kalten Tage z. B. nur einen einzigen Raum beheizen.

Im „Landesdurchschnitt" darf jedenfalls nüchtern kalkuliert werden, dass auch ein optimal dimensionierter Sonnenkollektor in einem modernen Haushalt bei dem eigentlichen Trinkwasser-Aufwärmen nur eine „statistisch erfassbare" Einsparung von etwa 4 % bis 6 % des gesamten Heizöl- oder Gasverbrauchs erbringt, der für die Zentralheizungsanlage anfällt.

In manchen Prospekten wird „pauschal" angegeben, dass die Einsparung des Heizöl- oder Gasverbrauchs 7 % (bzw. „bis zu 7 %") beträgt. Dies kann nicht bestritten werden, denn der Warmwasser-Verbrauch stellt keine universale Konstante dar.

Jedenfalls ist es nicht sinnvoll, dass man z. B. eine solarthermische Anlage im wahren Sinne des Wortes um jeden Preis zu aufwändig und übertrieben teuer konzipiert, um die Einsparung um ein halbes Prozent oder um ein Prozent zu erhöhen, denn man spart auf diese Weise oft nur einige wenige Liter Heizöl oder einige wenige m³ Gas im Wert von ca. 10 bis 20 € pro Jahr ein, wobei schon der Aufpreis für die jährliche Wartung mehr als die eingesparten 10 bis 20 € kostet.

Im Zusammenhang mit der vorhergehenden Berechnung sind wir von dem gängigsten Warmwasser-Verbrauch eines „modernen Haushalts" ausgegangen. Darunter dürfte folgendes zu verstehen sein:

- Das Wasser für die Waschmaschine und für den Geschirrspüler wird elektrisch aufgewärmt – also nicht vom Warmwasser-Speicher bezogen.
- Das Wasser aus dem Warmwasser-Speicherbehälter des Öl- oder Gaskessels wird – bis auf wenige Ausnahmen – nur noch für Händewaschen, Zähneputzen, Duschen, Baden und Haarwaschen und für klei-

3   Solarthermische Anlagen

Das rechnen wir nun spaßeshalber nach

Angenommen, die Öl-Zentralheizung verbraucht pro Jahr 3.500 Liter Heizöl. Bei einem **Ölpreis von 54 Cent** pro Liter *(Stand November 2006)* kostet das Heizöl etwa **1.890,– € pro Jahr**.

Kosteneinsparung beim Einsatz eines Solar-Dachkollektors mit optimal dimensionierter Leistung:

- Bei einer Einsparung von 4 % der Heizkosten sparen Sie ca. **75,60,– € pro Jahr**
- Bei einer Einsparung von 6 % der Heizkosten sparen Sie ca. **113,40 € pro Jahr**
- Bei einer Einsparung von 6,5 % der Heizkosten sparen Sie ca. **122,85 € pro Jahr**
- Bei einer Einsparung von 7 % der Heizkosten sparen Sie ca. **132,30 € pro Jahr**

Fazit

Auch wenn wir für die Planungsüberlegungen bezüglich der Installation einer solarthermischen Anlage die höhere Einsparung von ca. 132,30 € pro Jahr einbeziehen, sollte eine solche Anlage samt den baulichen Maßnahmen und der Installation keinen Cent mehr kosten, als ca. 20 x 132,30 €, wenn es Ihnen nur um die Anlagenrendite ginge. Das wären dann etwa **2.646,– €**.

Von diesem Preis sollten jedoch präventiv auch die Kosten abgezogen werden, die vielleicht schon zehn Jahre später für die Demontage und Entsorgung einer ausgedienten solarthermischen Anlage anfallen.

Wir sind bei diesen Überlegungen großzügig davon ausgegangen, dass eine solche solarthermische Anlage eine Lebensdauer von 20 Jahren hat und dass sie zudem während der ganzen Zeit keinen Service beansprucht – was eine sehr optimistische Annahme ist. Abgesehen davon: wer Schäden an Solaranlagen nicht bereits im Zusammenhang mit anderen Versicherungsarten mitversichert hat, der sollte für die Solaranlage eine Versicherung (Sturm & Hagel) abschließen.

nere Wasch- und Putzarbeiten verwendet.

- Es wird weniger Großgeschirr verschmutzt und die Anzahl Kinder „pro Anlage" schrumpft zudem in den Haushalten kräftig. Abgesehen davon sind die moderneren Warmwasser-Speicher und Warmwasserleitungen gut wärmeisoliert, wodurch die Verluste der Wassertemperatur durch Abkühlen gering gehalten werden.

Das alles sind zwar Faktoren, die sich quasi in einer „Grauzone" verbergen, aber Betreiber von Öl-Heizkesseln können sich leicht notieren, wie viel Heizöl sie z. B. zwischen dem 1. Mai und 30. September nur für das Aufwärmen des Wassers im Speicher tatsächlich verbrauchen. Da während dieser Monate normalerweise nicht geheizt wird, entfällt der Ölverbrauch nur auf das Aufwärmen des Wassers im Speicher.

Der Ölverbrauch lässt sich auf diese Weise an manchen Öltanks nur ungefähr ablesen, denn der beträgt während der warmen Jahreszeit oft nicht einmal 100 Liter, die an manchen Füllstand-Anzeigen der Öltanks nur ziemlich grob ermittelbar sind. Man ist bei solcher Ermittlung dennoch meistens angenehm überrascht: Das eigentliche Wasser-Aufwärmen im Warm-

3 Solarthermische Anlagen

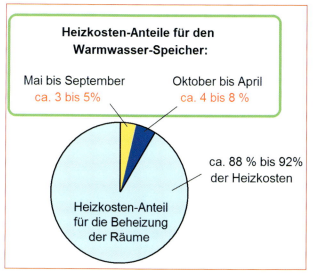

Abb. 16 – Der Verbrauch von Heizöl oder Gas bei einer Zentralheizungs-Hausanlage, der für das Aufwärmen und Warmhalten des Warmwassers im Speicher entfällt, ist außerhalb der Heizperiode (Anfang Mai bis Ende September) meistens etwas geringer als während der Heizperiode (Anfang Oktober bis Ende April).

wasser-Speicher verbraucht in Wirklichkeit bei weitem nicht so viel Heizstoff, wie im Allgemeinen angenommen – oder von diversen Anbietern der solarthermischen Anlagen – behauptet wird.

Dasselbe gilt selbstverständlich auch für eine Gasheizung. Insofern das Gas nur für die Zentralheizung verwendet wird, zeigt der Gaszähler exakt an, wie viel Gas für die Wassererwärmung in den fünf Monaten benötigt wurde, während denen die Zentralheizung abgeschaltet war. Wird jedoch das Gas z. B. auch noch fürs Kochen verwendet, kann eine genauere Ablesung z. B. in kürzere Zeitspannen von jeweils nur einigen Tagen eingeteilt werden – was für eine ausreichende Kostenberechnung reichen dürfte.

Individuelle Lebensgewohnheiten, zu denen auch die Art des Umgangs mit warmem Wasser gehört, können die damit verbundenen Heizkosten stark beeinträchtigen. Das trifft auch zu für die eventuelle Nutzung einer solarthermischen Anlage: Eine Familie, die z. B. während der wärmsten Jahreszeit einige Wochen im Urlaub verbleibt und ihr eigenes Haus nicht bewohnt, wird verständlicherweise proportional etwas weniger von der Solarthermik profitieren, denn diese ist gerade während des Sommers am ergiebigsten.

Ähnlich ist es mit der Frage der Badegewohnheit: Wer überwiegend abends oder sehr früh am Morgen badet oder duscht, dessen Wasser wird gleich anschließend **vom Öl- oder Gas-Heizkessel** (und nicht vom Solarkollektor) auf den „Soll-Wert" aufgewärmt. Das gehört sich so, denn es wäre für die Anwender kaum zumutbar, dass z. B. der, welcher als letzter in die Badewanne oder unter die Dusche steigt, kein warmes Wasser mehr hat und auf den nächsten sonnigen Tag warten müsste.

Das solarthermische System kommt somit nur dann zum Zug, wenn im Laufe des Tages das Wasser im Warmwasserbehälter kühler wird und das sonnige Wetter ein Nachwärmen erlaubt. Hier kann es in der Praxis oft vorkommen, dass der wirkliche energetische Beitrag einer solarthermischen Anlage oft nur sehr bescheiden zu dem tatsächlichen Aufwärmen des Wassers im Speicher beiträgt – was viele Anwender jedoch gar nicht mitbekommen.

Die Schwachstelle eines solchen solarthermischen Systems liegt darin, dass für das kontinuierliche Aufwärmen des Wassers im Warmwasser-Speicher der Heizkessel zuständig ist und sozusagen die Regie führt. Er muss – ohne Rücksicht darauf, ob der Warmwasser-Speicher eventuell noch über eine zusätzliche solarthermische Heizspirale verfügt oder nicht – Tag und Nacht bereit sein, sofort einzuspringen, wenn die Tem-

3 Solarthermische Anlagen

peratur des Wassers im Speicher unter den eingestellten Wert sinkt. Die meisten Menschen verbrauchen das warme Wasser überwiegend beim Baden oder Duschen, was entweder abends oder ziemlich früh am Morgen stattfindet – also zu einem Zeitpunkt, zu dem die Sonne nicht mehr oder noch nicht da ist, um einspringen zu können. Da springt automatisch der Öl- oder Gas-Heizkessel ein.

Viele gewerbliche Anbieter behaupten, dass gerade *ihre* Warmwasserbehälter quasi wie Thermosflaschen funktionieren. Das muss man eigentlich nicht einmal bestreiten, denn in vielen handelsüblichen Thermosflaschen kühlt ein heißes Getränk bereits nach etwa 6 bis 8 Stunden aus. Das ist zwar kein technisch korrekter Vergleich, aber immerhin ein richtungweisendes Indiz. Dasselbe gilt auch für das Warmwasser-Hausnetz, bei dem die wärmeisolierten Leitungen zwar das Abkühlen des Wassers verringern, aber nicht ganz vermeiden können.

Ein gut isolierter Warmwasserbehälter kann *unter günstigen Umständen* einen soliden Teil der aufgefangenen Solarenergie erfolgreich nutzen. Es ist jedoch darauf hinzuweisen, dass sich solche *„günstigen Umstände"* nur bedingt vorprogrammieren lassen. Mit anderen Worten: bei normaler Anwendung des warmen Wassers aus dem Warmwasserspeicher kann in Hinsicht auf die Wetterschwankungen die solarthermische Anlage ohne die Zusammenarbeit mit einem Heizkessel das Wasser im Heizkessel nicht lückenlos und nicht lange genug warm halten. Es gibt ja auch während des Sommers manchmal lange Zeit nur Regen.

Eine Erwähnung verdient hier ein Hinweis auf Warmwasser-Speicher, die über einen zusätzlichen elektrischen Heizstab verfügen. Ein solcher Heizstab kann bei einigen Speichern der herkömmlichen Zentralheizungs-Systeme auch zusätzlich eingebaut werden, wenn diese über den dafür vorgesehenen rohrförmigen Hohlraum nach *Abb. 17* verfügen. Ein solcher Heizstab kann während der Sommermonate das Wasser im Speicher nur „solo"

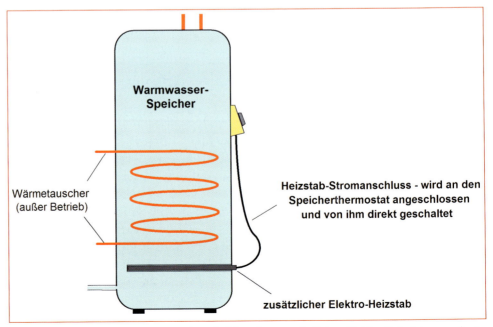

Abb. 17 – Einige Warmwasser-Speicher sind für einen zusätzlichen Elektro-Heizstab ausgelegt, der während der warmen Jahreszeit das Aufwärmen des Brauchwassers übernimmt

3 Solarthermische Anlagen

elektrisch beheizen und der Heizkessel kann dann während der wärmeren Jahreszeit ganz abgestellt werden. Diese Lösung wird jedoch in Deutschland wenig angewendet, weil hier die Strompreise für solche „Späßchen" etwas zu hoch sind. Trotzdem verdient sie etwas Aufmerksamkeit in Hinsicht auf die damit verbundenen Heizkosten (mit elektrischem Strom) – siehe Schaukasten rechts.

Solche Berechnungen dienen jedoch nur als informative Stützen für Überlegungen, bei denen allerdings nicht ermittelbar ist, wie es mit den Strompreisen, Heizöl-Preisen oder Lohnkosten (auch Lohnkosten der Dienstleister) in den nächsten Jahren weitergehen wird.

Eines ist klar: Irgendwann werden die Politiker einsehen müssen, dass das Land definitiv vor die Hunde geht, wenn immer mehr »Steuer auf Steuer" beim elektrischen Strom, Heizöl und Gas hemmungslos „draufgeknallt" wird. Es ist asozial und es ist Existenz bedrohend für die Wirtschaft und für diejenigen, deren Arbeitsplätze direkt von der Wirtschaft abhängen (also nicht für die Politiker). Heizöl ist ja nicht als solches teuer, sondern wird nur „bei uns" durch die überhöhten Steuern zu teuer. Dasselbe gilt für Gas und den elektrischen Strom und es zieht sich dann durch

---

Gehen wir davon aus, dass für das „Warmhalten" des Wassers im Speicher von 1. Mai bis 30. September etwa 120 Liter Heizöl verbraucht werden und dass ein Liter Heizöl eine Heizleistung von 10 Kilowattstunden (kWh) hat, ergibt sich daraus ein Energieverbrauch von 1200 kWh. Eine annähernd hohe Heizleistung müsste der elektrische Heizstab ebenfalls aufbringen. Beim Nachheizen mit einem Ölkessel geht jedoch ein kleiner Teil der Heizleistung durch Wärmeverluste verloren. Ein elektrischer Heizstab arbeitet dagegen ziemlich verlustfrei und daher dürften wir ihm „kulanterweise" einen etwas niedrigeren Energieverbrauch – von z. B. nur 1100 kWh zugestehen. Mit dem Kostenvergleich dürfte es dann in etwa folgendermaßen aussehen:

120 Liter Heizöl kosten bei einem Preis von 54 Cent pro Liter **65,– €**

1100 kWh des elektrischen Stroms kosten bei einem Preis von 17 Cent pro kWh (im Januar 2007) ca. **187,– €**. Somit wäre das „Warmhalten" des Speicher-Wassers mit elektrischem Strom in Hinsicht auf den reinen Energieverbrauch (theoretisch) um **122,– €** pro Jahr teurer als das Heizen mit Öl. Dagegen bleibt wiederum der Heizkessel fünf Monate pro Jahr außer Betrieb, was seine Lebenserwartung um etwa 10 % bis 20 % verlängern kann.

Wenn wir nun den Stromkosten-Aufpreis von 122,– € z. B. in den Kostenvergleich einbeziehen, die im Zusammenhang mit der eventuellen Anschaffung einer solarthermischen Anlage (Dachanlage) in Frage käme, schneidet die solarthermische Anlage nicht gerade überzeugend gut ab:

Der Heizstab kostet ca. 200,– € und die zusätzlichen Stromkosten von 122,– € im Jahr ergeben in 20 Jahren einen „hypothetischen" Betrag von 2.440,– €. Mit dem Anschaffungspreis des Heizstabes und eventuellem Elektroanschluss dürft diese Lösung mit einem Betrag von etwa 2.500,– bis 2.800,– € zu Buche schlagen. Wer sich den Heizstab selber anschließt, den kostet der ganze Spaß nur etwa 2.450,– € in 20 Jahren, die man in jährliche Netto-Kosten von ca. 123,– € umrechnen dürfte.

---

alle Segmente der Wirtschaft. Aus dieser Sicht dürfte zu erwarten sein, dass eine vernünftige Regierung in der Zukunft weitere Preissteigerungen von Heizöl, Strom und Gas durch Kompensation mit angemessener Reduzierung der Wucher-Steuern unterbinden wird. Andernfalls hätten dann ohnehin jegliche

Vorrichtungen für Energie-Einsparung und die zukunftsorientierte Berechnung ihrer jährlichen Kosten keinen tieferen Sinn, da möglicherweise alles anders wird, als heute angenommen werden kann. Und vielleicht werden wir schon in fünfzehn oder zwanzig Jahren die benötigten Energien aus wirklich um-

3   Solarthermische Anlagen

weltfreundlichen Energiequellen beziehen, über die gegenwärtig noch gar nicht gesprochen wird.

Dadurch, dass nicht jeder alles nur aus der Sicht der Kosteneinsparung betrachtet, kommen auch Anwendungen bei Objekten zum Einsatz, die z. B. als alleinstehende Bauern-, Ferien- oder Schrebergartenhäuser solche Alternative sinnvoll anwenden können. Handwerklich begabte Tüftler können sich zudem so eine Solaranlage kostengünstig selber installieren.

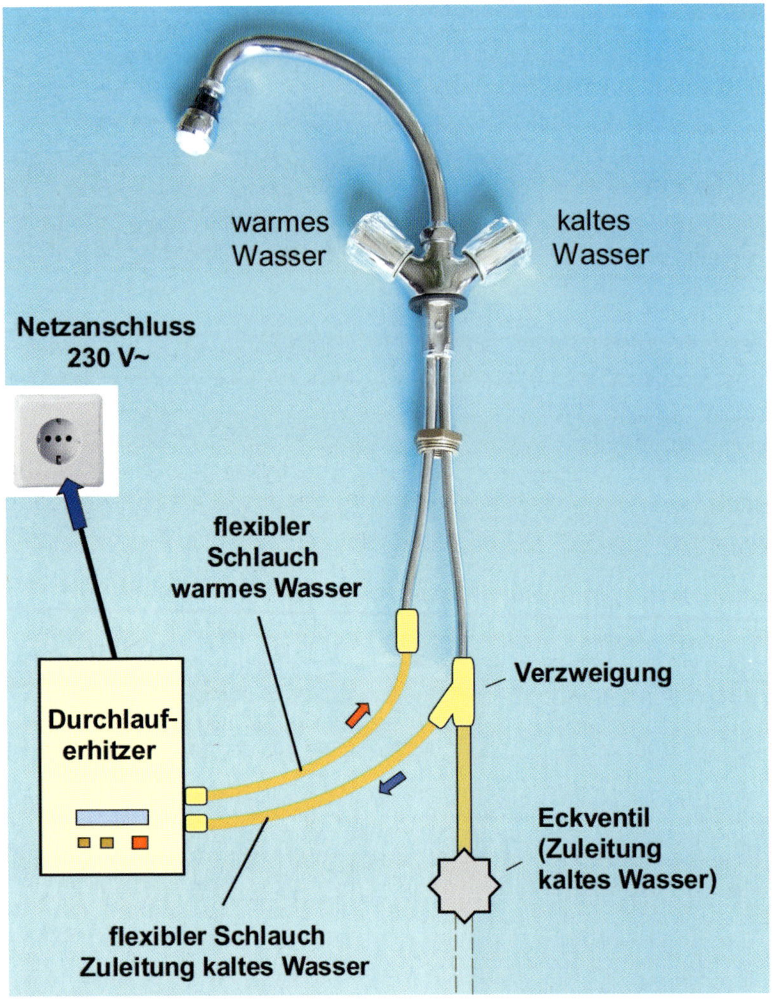

Moderne Sonnenkollektoren sind inzwischen derartig ausgetüftelt, dass bereits relativ wenig Sonnenwärme ausreicht, um das „Wärmeträgermedium" aufwärmen zu können. Dennoch kann dieses System verständlicherweise keinen kontinuierlichen Wärmenachschub aufrechterhalten. Nachts, früh am Morgen, am Abend oder während sonnenarmer Tage – an denen es besonders im Winter nicht mangelt – muss also Heizöl, Gas oder elektrischer Strom bedarfsbezogen einspringen. Zudem kann man Wärme als solche bei einer solarthermischen Anlage nur mit dem „Trick" speichern, dass der Warmwasserbehälter großzügig überdimensioniert und perfekt wärmeisoliert wird. Das verursacht aber zusätzliche Kosten, auf die der Kunde oft gar nicht hingewiesen wird: So kostet z. B. ein wärmeisolierter 200-Liter-Warmwasserspeicher aus rostfreiem Stahl nur ca. 400,– €, aber ein Solar-Warmwasserspeicher, der ein größeres Fassungsvermögen hat, kann „locker" das Fünffache kosten.

Abb. 18 – Anschlussbeispiel eines kleinen elektrischen Durchlauferhitzers, der u. a. direkt unterhalb eines Wasch- oder Spülbeckens untergebracht werden kann

3   Solarthermische Anlagen

Nebenbei: In Häusern, die über keinen Zentralheizungs-Heizkessel verfügen und nur mit Hilfe von solarthermischen Kollektoren das Wasser im Warmwasser-Speicher aufwärmen, können z. B. auch elektrische Durchlauf-Wassererhitzer nach *Abb. 18* angewendet werden, um „Durststrecken" zu überbrücken, während denen das Wasser im Speicher zu kühl ist.

Die Anwendung von einem – oder sogar von mehreren kleinen (und relativ preiswerten) elektrischen Durchlauferhitzern – eignet sich auch für etwas abgelegene Waschbecken in Häusern, deren Zentralheizungs-System über einen Warmwasser-Speicher verfügt. Solche kleinen Durchlauferhitzer können z. B. direkt unter dem Becken installiert werden. Für Duschen oder Badewannen gibt es größere Geräte, die z. B. an der anderen Seite der Wand oder an der Kellerdecke (hinter oder unter der Dusche/Wanne) untergebracht werden können.

> **Hinweis**
>
> Möchten Sie sich ein genaueres Bild über die Funktionsweise Ihrer Sanitäranlage machen bzw. einfachere Reparaturen oder Installationen selber ausführen? Wir haben auch zu diesem Thema das erfolgreiche und leicht verständliche Heimwerker-Buch „**Sanitäranlagen selbst warten und reparieren**" (ebenfalls von Bo Hanus/Franzis Verlag).

Diese modernen Durchlauferhitzer verfügen über eine vollautomatische elektronische Steuerung: Wird der Warmwasser-Hahn aufgedreht, schaltet sich die Heizspirale im Erhitzer automatisch ein und hält die Temperatur des durchlaufenden Wassers auf dem eingestellten Niveau. Wird danach der Hahn zugedreht, schaltet sich das Gerät automatisch sofort ab.

Durchlauferhitzer speichern kein Wasser, wodurch der Stromverbrauch gering bleibt. Ein Durchlauferhitzer kann in vielen Fällen die Kosten der Sanitär-Installation *(nach Abb. 18 und 19b)* verringern, da nur eine gemeinsame Kaltwasser-Zuleitung erforderlich ist. Dadurch, dass bei dieser Lösung ein Teil der Warmwasser-Schleifenleitung entfällt, verringert sich auch die Abkühlung des warmen Wassers im Warmwasser-Speicher. Das kann sich unter Umständen als eine günstige Heizstoff-Einsparung auswirken. Da aus solchen kleinen Durchlauferhitzern das warme Wasser ziemlich langsam, herausläuft, eignen sie sich jedoch bevorzugt nur für Wasch- und Spülbecken.

Bitte beachten

Einige der großen elektrischen Durchlauferhitzer, die z. B. für Küchen-Spülbecken, Duschen oder Badewannen vorgesehen sind, benötigen in der Regel einen Drehstromanschluss von 400 V~ und beziehen aus dem Hausnetz einen ziemlich hohen Strom von 3 x 26 A (18-kW-Geräte) bis ca. 3 x 35 A (24-kW-Geräte). Da manche Hausanschlüsse mit Sicherungen von „nur" 3 x 35 A geschützt sind, muss bei Bedarf (bei einem 24-kW-Gerät) der Stromlieferant seine verplombten Sicherungen um eine Stufe erhöhen, und auch die Hauptsicherung im Verteilerschrank (Elektro-Automatenschrank) muss angemessen erhöht werden. Andernfalls würde z. B. eine 35-A-Hauptsicherung einen gleichzeitigen Betrieb von einem 24 kW-Durchlauferhitzer und einem Wäschetrockner nicht verkraften. Dieses Problem fällt jedoch nicht bei kleinen Durchlauferhitzern nach *Abb. 19* an, deren Abnahmeleistung in Kilowatt (kW) die Hauptsicherungen nicht überbeansprucht.

3 Solarthermische Anlagen

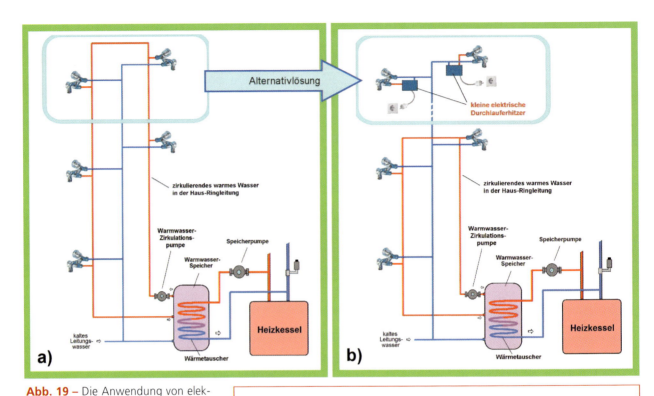

Abb. 19 – Die Anwendung von elektrischen Durchlauferhitzern verringert die Kosten bei einer neuen Sanitär-Installation und kann zudem auch die Kosten für das Aufwärmen des Wassers im Speicher verringern:
a) herkömmliche Lösung mit einer langen Warmwasser-Ringleitung;
b) Alternativlösung durch Anwendung von elektrischen Durchlauferhitzern, z. B. in selten bewohnten Gästezimmern installiert werden können

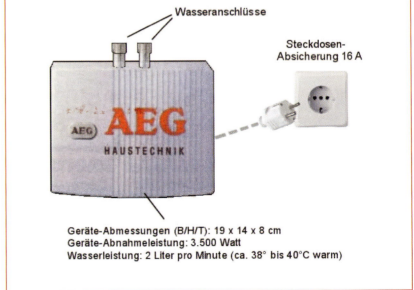

Abb. 20 – Kleine elektrische *Untertisch-Durchlauferhitzer*, die z. B. als Einzelgeräte direkt unter dem Waschbecken montiert werden können, sind für einen Steckdosen-Anschluss ausgelegt:

4 Heizen mit Holzpellets und Scheitholz

4 Heizen mit Holzpellets und Scheitholz

Holzpellets stellen gegenwärtig einen oft angesprochenen, aber wenig bekannten Brennstoff dar. Holzpellets sind kleine zylindrische Presslinge *(Abb. 21)* aus trockenem, naturbelassenem Restholz – wie Sägespäne, Hobelspäne oder Wald-Holzabfall. Sie werden unter hohem Druck, ohne Zugabe von chemischen Bindemitteln, hergestellt und weisen einen hohen Brennwert auf.

Leider sind die Holzpellets, als alternativer Brennstoff zum Heizöl, in den letzten Monaten des Jahres 2006 teurer geworden, wodurch ihre Anwendung (momentan) etwas an Attraktivität eingebüßt hat.

Abb. 21 – Holzpellets sind kleine zylindrische Holz-Presslinge mit einem Durchmesser von ca. Ø 4 bis 10 mm und einer Länge von ca. 20 bis 50 mm

Anwendungsmöglichkeiten der Holzpellet-Öfen:

Kleine Holzpellet-Öfen: eignen sich für individuelles Beheizen von einzelnen Räumen (Wohnräumen), können jedoch (typenbezogen) auch für zusätzliches Aufwärmen vom Wasser oder für die Unterstützung einer Gas- oder Öl-Zentralheizungsanlage genutzt werden. Die Pellets werden in einen kleinen Ofen-Vorratsbehälter gefüllt, aus dem sie automatisch in den Ofen-Brennraum transportiert werden (so lange der Vorrat reicht).

Pellet-/Scheitholz-Öfen und Kombikessel: eignen sich für individuelles Beheizen von einzelnen Räumen. Als Brennstoff können hier wahlweise sowohl Pellets (die der Ofen seinem Brennraum automatisch zuführt) als auch Scheitholz verwendet werden, das allerdings manuell nachgeladen werden muss. Diese Lösung bietet den Vorteil, dass z.B. nachtsüber mit den automatisch zugeführten Pellets geheizt werden kann, ohne dass das Feuer im Ofen - oder in einem Kombi-Heizkessel - erlischt.

Holzpellet-Zentralheizungen: eignen sich als eine umweltfreundliche Alternative zu herkömmlichen Gas- oder Ölheizkesseln. Die Lagerung der Holzpellets findet in einem angemessen großen Silo statt, aus dem sie vollautomatisch in den Brennraum des Heizkessels transportiert und kontinuierlich optimal dosiert werden.

4.1 Kleine Holzpellet-Öfen

Abb. 22 – Holzpellets sind auch als leicht transportierbare Sackware erhältlich

Kleine Holzpellet-Öfen können als eine Alternative zu den herkömmlichen Kachelöfen, offenen Kaminen, Holz-, Kohle-, Gas- und Heizöl-Öfen zum Beheizen von Wohnräumen angewendet werden. Da Holzpellets auch als leicht transportierbare Sackware (Abb. 22) z. B. in Baumärkten erhältlich sind, können sie auch in kleineren Mengen gekauft und gelagert werden.

Abb. 23 – Moderne Holzpellet-Öfen verfügen über einen Vorratsbehälter, der an der Rückseite des Ofens untergebracht ist (Foto/Hersteller: Wodtke GmbH)

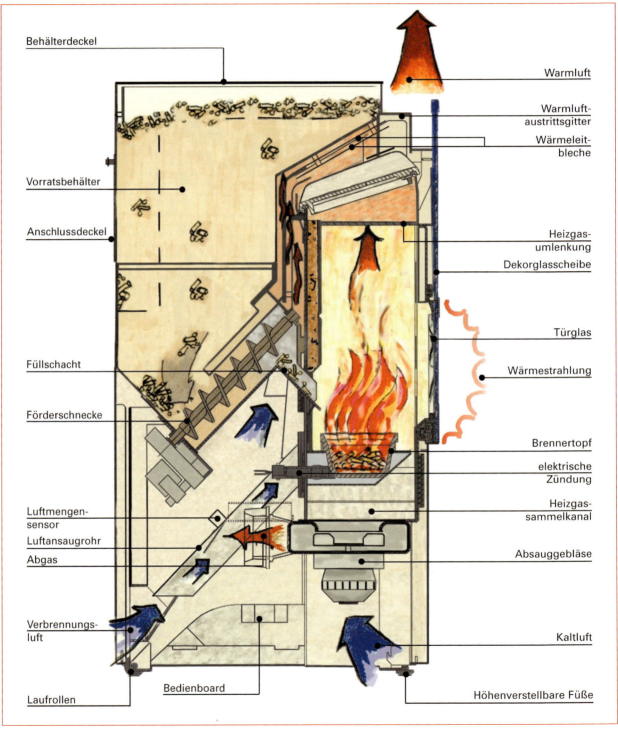

Abb. 24 – Ein Pelletofen (Primärofen CW 21) von *Wodtke* im Schnitt, zeichnerisch dargestellt

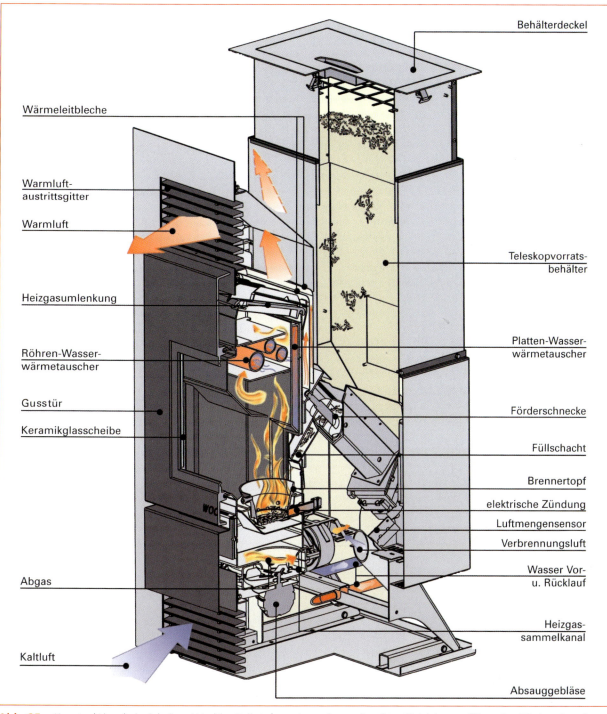

Abb. 25 – Konstruktionsbeispiel eines Wodtke-Pelletofens: Je nach gewünschter Heizleistung führt eine Förderschnecke die Pellets automatisch in den Brennertopf hinein

4.1 Kleine Holzpellet-Öfen

Abb. 26 – Die Förderschnecke des Pellet-Ofens hat viel Ähnlichkeit mit der Schnecke eines Küchen-Fleischwolfs, ist jedoch viel größer, länger und wird elektronisch so gesteuert, dass sie die Pellets jeweils optimal in den Brennertopf nachfüllt

Abb. 27 – Im Brennertopf des Pellet-Ofens werden die Pellets verbrannt

Abb. 28 – oben: Ausführungsbeispiel eines eleganten Wohnraum-Ofens von Wodtke; **unten:** der Vorratsbehälter für die Pellets wird von oben nachgefüllt

4.1 Kleine Holzpellet-Öfen

Der Pellet-Behälter befindet sich an der Rückseite des Ofens und kann jeweils manuell nach *Abb. 23/28* nachgefüllt werden. Die eigentliche Brennstoff-Zufuhr bewerkstelligt dieser Ofen ähnlich vollautomatisch, wie z. B. ein Heizöl- oder Gasofen.

Im Gegensatz zu den konventionellen Gas- oder Heizöl-Öfen benötigt die optimale Dosierung der Brennstoffzufuhr bei solchen kleinen Pellet-Öfen eine technisch aufwändige Vorrichtung, deren Bestandteil eine motorbetriebene Förderschnecke nach *Abb. 25/26* bildet. Mit ihrer Hilfe werden die Pellets aus dem unteren Teil des Brennstoff-Behälters nach oben in den Brennraum des Ofens (in einen Brennertopf nach *Abb. 27)* transportiert.

Abb. 29 – In die Vorratsbehälter kleinerer Pellet-Öfen können die Pellets direkt aus dem Sack eingefüllt werden (Foto: Wodtke GmbH)

4.1 Kleine Holzpellet-Öfen

Abb. 30 – Einige der Pelletöfen sind mit einem integriertem Wasserwärmetauscher ausgelegt und sind so in der Lage, zusätzlich auch noch entfernt gelegene Räume zu beheizen (Foto: Wodtke GmbH)

Abb. 31 – Beispiel eines innenarchitektonisch eindrucksvoll eingebauten Wodtke-Pelletofens, der als Einbaugerät ausgelegt ist

4.2 Holzpellet-Zentralheizungen

Größere Holzpellet-Öfen sind bekanntlich auch als Zentralheizungs-Öfen ausgelegt und werden meist – ähnlich wie Gas- oder Öl-Zentralheizungs-Öfen – in separaten Räumlichkeiten untergebracht. Sie stellen somit eine Alternative zu den herkömmlichen Gas- und Öl-Heizkesseln dar. Es gibt jedoch auch kleinere Holzpellets-Öfen, die in Wohnräumen aufgestellt werden können. Bei den populären Berichterstattungen erhalten die Interessenten zu oft nur unvollständige Informationen, mit denen sie nicht viel anfangen können. Wir widmen daher diesem „brandaktuellen" Thema eine angemessene Aufmerksamkeit.

In *Tabelle 1* wurde der Heizwert von Holzpellets mit **4,13 kWh pro Kilogramm** angegeben. Diese Angabe beruht auf den offiziellen Daten der „Energieinhalte der Primärenergieträger", die u. a. auch das Bayerische Staatsministerium für Wirtschaft, Verkehr und Technologie und seriöse Pellet-Anbieter veröffentlichen.

Einige Anbieter der Holzpellet-Heizungen geben in ihren Prospekten an, dass 2 kg Holzpellets „überschlägig" einem Liter Heizöl entsprechen. Wer jedoch einen genaueren Vergleich der Preise und Heizleistungen vornehmen will, der sollte lieber davon ausgehen, dass nicht 2 kg, sondern 2,43 kg Holzpellets dieselbe Heizleistung erbringen, wie 1 Liter Heizöl (Heizöl-Heizleistung von theoretisch 10,03 kW geteilt durch die Pellet- Heizleistung von theoretisch 4,12757 kWh ergibt ein **Verhältnis von 1 zu 2,43**).

Es heißt zwar „grau ist alle Theorie, in der Praxis stimmt es nie" aber bei solchen Berechnungen können wir nicht genauer prüfen, ob die Heizwerte der gelieferten Heizstoffe mit den theoretisch angegebenen Werten auch tatsächlich übereinstimmen. Daher ist es sinnvoll, dass wir uns bei unseren Planungsüberlegungen an den in *Tabelle 1* aufgeführten theoretischen Brennwert-Verhältnissen orientieren. Der Heizwert der Holz-

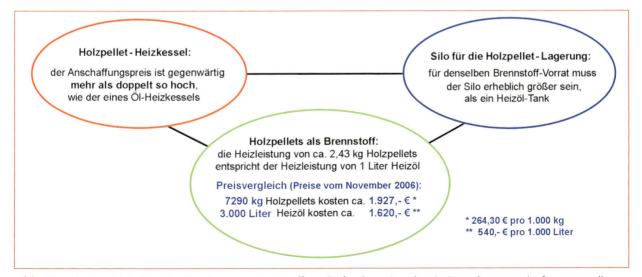

Abb. 32 – Ein Vergleich der aktuellen Preise von Heizstoffen, die für Ihren Standort in Frage kommen, ist für eventuelle Planungsüberlegungen wichtig

4.2 Holzpellet-Zentralheizungen

pellets kann allerdings in der Praxis größere Schwankungen aufweisen, als der Heizwert des Heizöls, der nicht nur in den Raffinerien, sondern auch bei diversen professionellen Anwendern leichter kontrollierbar ist, als der Heizwert von Holzpellets (siehe hierzu auch das noch folgende Kapitel „Die Brennstoff-Qualität").

Der tatsächliche Heizwert von Holzpellets ist in der Praxis stark von der Zusammensetzung der Holzsorten-Späne abhängig, die jeweils in der Herstellung verwendet wurden und dem Hersteller oft nur als anonyme Sägespäne von diversen Sägewerken angeliefert werden. Wer für die Beheizung seines Hauses bisher z. B. 3.500 Liter Heizöl pro Jahr benötigte, dürfte annehmen, dass er alternativ mit ca. 8.500 kg (8,5 Tonnen) Holzpellets pro Jahr auskommt (3.500 Liter Heizöl mal 2,43 ergibt 8505 kg Holzpellets).

Für die Verbrennung von Holzpellets ist bekanntlich ein spezieller Heizkessel erforderlich, der leider erheblich teurer ist, als ein herkömmlicher Öl- oder Gas-Heizkessel. Ein solcher Heizkessel muss nahe an einem Holzpellet-Silo stehen, mit dem er durch eine längere Fördervorrichtung (einer Förderschnecke oder Saugvorrichtung) verbunden wird. Dies setzt eine entsprechende Anordnung (und Größe) der benötigten Räumlichkeiten voraus.

Die Holzpellets können bei Bedarf – ähnlich wie z. B. das Heizöl – nur einmal im Jahr angeliefert und in einem Silo nach *Abb. 33/34* gelagert werden. Der Silo wird von dem LKW des Lieferanten aus mit den Pellets automatisch mit Hilfe eines dicken flexiblen Schlauches gefüllt, durch den die Pellets in den Silo mit kräftigem Luftdruck hinein geblasen werden.

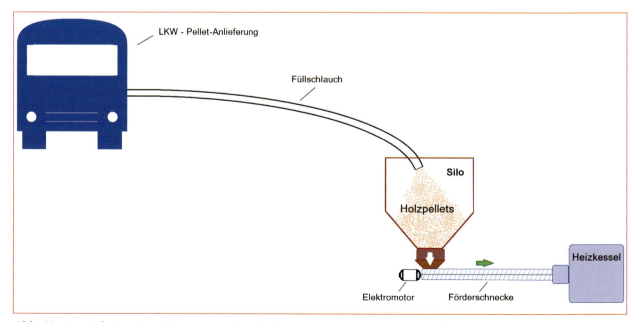

Abb. 33 – Vereinfachte Darstellung einer Holzpellet-Heizungsanlage und der Pellet-Anlieferung

4.2 Holzpellet-Zentralheizungen

Manche Pellet-Lieferanten verfügen über einen Schlauch, der bis zu etwa 35 m lang ist und somit auch von der Straße aus in einen etwas entfernten Silo die Pellets hinein blasen kann. In einem derartig langen Schlauch werden jedoch die Pellets ziemlich strapaziert und zerfallen unter Umständen teilweise zu unbrauchbaren Sägespänen. Aus diesem Grund sollte der Silo – bzw. der Holzpellets-Lagerraum – nicht zu weit (bevorzugt nicht weiter als ca. 15 m) vom Ablade-Standort des Lieferanten-LKW entfernt sein.

Wie ebenfalls aus *Abb. 33/34* hervorgeht, wird das Silo mit den gelagerten Holzpellets mit dem Heizkessel meist durch eine Förderschnecke verbunden, die – ähnlich wie die Schnecke eines Küchenfleischwolfs – die Holzpellets vollautomatisch dem Brennraum des Heizkessels zuführt. Aus dem Silo müssen die Pellets in die Schnecke durch eigenes Gewicht hineinfallen. Daher sind die Wände des Silos – oder zumindest die Wände seines unteren Teils – trichterförmig (konisch) gestaltet.

Der Förderschnecken-Motorantrieb wird von der Kesselelektronik so gesteuert, dass die laufende Nachfüllung des Kessel-Brennraumes ähnlich automatisch erfolgt, wie bei einem Öl- oder Gas-Heizkessel. Anstelle der Förderschnecke verfügen einige der automatischen Holzpellet-Heizkessel über ein Vakuum-Saugsystem, das die Holzpellets auch von einer entfernteren Lagerstätte zu dem Heizkessel saugt. Diese Lösung kann zwar unter Umständen das Problem der optimalen Lagerung vereinfachen, aber der damit verbundene Kostenaufwand ist hoch und das Saugsystem ist ziemlich laut.

Bei der Verbrennung der Holzpellets entsteht unvermeidbar etwas Asche, die jedoch bei guten Pellets nur etwa einmal im Monat (je nach der Empfehlung des Kessel-Herstellers) entsorgt werden muss.

Die momentan viel zu hohen Preise der Holzpellets, sowie auch die viel zu hohen Anschaffungs-

Abb. 34 – Ausführungsbeispiel eines Pellet-Ofens mit einem kleineren Silo (Foto: Brunner GmbH)

4.2 Holzpellet-Zentralheizungen

preise der Holzpellet-Heizkessel (mit Zubehör) sollten bei eventuellen Planungsüberlegungen berücksichtigt werden. Die hier aufgeführten Öl- und Pellet-Preise sind aber bekanntlich keine Festpreise, sondern nur aktuelle Preise vom November 2006. Daher ist es sinnvoll, dass Sie für Ihre eventuellen ersten Planungsschritte jeweils die aktuellen Öl- und Holzpellet-Preise bei Ihren örtlichen Lieferanten anfragen.

Berücksichtigen Sie dabei bitte die Tatsache, dass einige der Holzpellet-Lieferanten minderwertige Importpellets anbieten, die manchmal einen etwas günstigeren Preis haben, aber eine niedrigere Heizleistung aufweisen. Solche Holzpellets können zudem den Heizkessel überproportional verunreinigen oder die elektromechanischen Fördersysteme verstopfen.

Das **Silo** dient bei einer Holzpellet-Heizung als Vorratsbehälter. Möchte man es so dimensionieren, dass es – ähnlich, wie der Öltank (oder die Öltank-Batterie) einer Ölheizung – einen Brennstoffvorrat für 12 bis 18 Monate aufnehmen kann, muss es vom Volumen her über einen wesentlich höheren „Kubikmeter-Inhalt" verfügen als der Öltank.

Das Silo stellt im Vergleich zu einem Öltank keine speziellen Ansprüche an Sicherheitsmaßnahmen oder Materialien, aus denen es gefertigt ist. Oft werden zu diesem Zweck sogar preiswerte Gewebe-Silos (Tuch-Silos) verwendet, die u.a. in einer Scheune oder unter einer schützenden Überdachung aufgestellt werden können. So kann das Silo unter Umständen die Errichtungskosten einer solchen Heizungsanlage sowohl verbilligen als auch verteuern – vorausgesetzt, der benötigte Platz oder Raum für das Silo ist vorhanden.

Verfügt z. B. ein älteres Bauernhauses über eine leere Scheune, in die ein preiswertes Holzpellet-Silo leicht aufgestellt werden kann, könnte sich das auf die Errichtungskosten positiv auswirken. Eine solche Lösung setzt allerdings voraus, dass der Pellet-Heizkessel ausreichend nahe am Silo steht oder dass von einem größeren abgelegenen Silo aus ein kleinerer Kessel-Behälter manuell nachgefüllt wird.

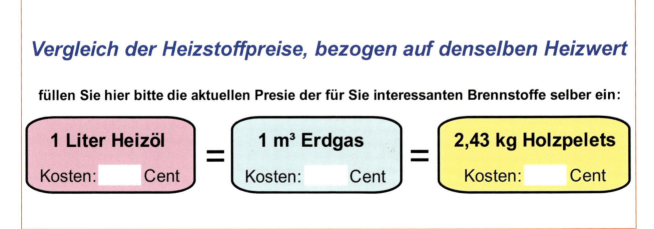

Abb. 35 – Drei wichtigen Aspekte für eine Planungsüberlegung

4.3 Pellet-/Scheitholz-Öfen und Kombikessel

Abb. 36 – Ein Pellet-/Scheitholz Kaminofen der Fa. Ulrich Brenner GmbH

jedoch nur bei den Pellets möglich. Scheitholz muss jeweils manuell nachgefüllt werden.

Holzöfen, die z. B. als Kombi-Heizkessel sowohl für das Heizen mit Scheitholz als auch für das Heizen mit Holzpellets ausgelegt sind und die die Pellets vollautomatisch dem Ofen-Brennraum zuführen, weisen z. B. vor allem für Waldbesitzer den großen Vorteil auf, dass sie auch längere Zeitspannen ohne Nachlegen des Brennstoffs überbrücken können. So kann z. B. ein solcher Heizkessel tagsüber Scheitholz verbrennen, das manuell nachgelegt wird und nachts kann er auf den vollautomatischen Holzpellet-Betrieb umgeschaltet werden. Abhängig von der Größe des Holzpellet-Vorratsbehälter und von dem jeweiligen Wärmebedarf kann ein solcher Kombi-Ofen etwa bis zu vier Tage (oder auch mehr) ohne Bedienung mit einer Ladung Pellets auskommen.

Ein herkömmliches Holzpellet-Zentralheizungs-System eignet sich üblicherweise nur für die Verbrennung von den dafür vorgesehenen Holzpellets. Normales Brennholz (Scheitholz) oder Brennstoffe, die von der Form der Holzpellets abweichen, können in dem Heizkessel nicht verbrannt werden. Es gibt aber auch spezielle „*Pellet-/Scheitholz-Kombikessel*", die sowohl für die Verbrennung von Holzpellets, als auch für die Verbrennung von Scheitholz ausgelegt sind. Eine automatische Brennstoff-Zuführung ist bei solchen Kombi-Kesseln momentan

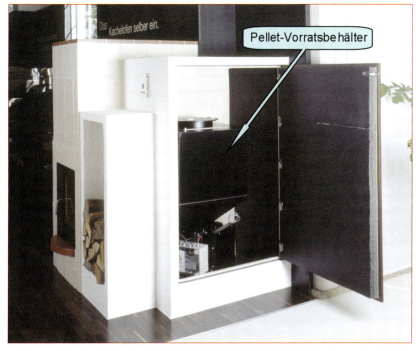

Abb. 37 – Der Vorratsbehälter für die Pellets ist oft in solchen Kombi-Kaminöfen integriert (Foto: Ulrich Brenner GmbH)

4.3 Pellet-/Scheitholz-Öfen und Kombikessel

Abb. 38 – In den Pellet-Scheitholz-Kombikesseln von Atmos können wahlweise Holzpellets oder normale Scheitholz-Stücke (bis zu einer Länge von 33 cm) verheizt werden. Die Zündung erfolgt elektrisch und die Betriebsart wird automatisch gewechselt.

Abb. 40 – Ein Atmos-Kombikessel mit links angeordneter Zuführungsvorrichtung für die Holzpellets

Abb. 39 – Oben: der Pellet-Scheitholz-Kombikessel von Atmos verfügt über einen separaten Brennraum für Scheitholz und darunter über einen Brennraum für Pellets; **rechts:** der Schnitt zeigt, wie die zwei Brennräume miteinander verbunden sind

4.4 Die Brennstoff-Qualität

Im Gegensatz zum Heizöl und Gas weisen die Holzpellets als Brennstoff zwei kritische Nachteile auf:

● Schlechte oder zu aufwändige (zu teure) Transportmöglichkeit der Holzpellets vom Silo in den Brennraum des Kessels
● Uneinheitlicher Heizwert (der von der Zusammensetzung der Spänen-Holzart abhängt)

Im Vergleich mit Gas oder mit Öl geben sich Holzpellets ziemlich unkooperativ, wenn es um den Transport vom Silo in den Kessel-Brennraum geht. Sie haben unterschiedliche Größe, sind unterschiedlich geformt bzw. durch Zwischenlagerung und Transport oft zerstückelt und teilweise mit Sägespänen verunreinigt. Das alles erschwert eine zuverlässig funktionierende, automatische Dosierung des Brennstoffes, bei dem z. B. die unerwünschte Verschmutzung nicht (wie beim Heizöl) mit einem Sieb aufgefangen werden kann.

Da Holzpellets aus unterschiedlichen Holzsorten gepresst werden, ist es mit der Angabe – bzw. auch mit der Einhaltung – eines einheitlichen **Heizwertes** sehr schwierig, denn die Streuungs-Grenzen sind hier ziemlich breit. Das Problem fängt schon damit an, dass z. B. 1 kg frisches **Buchenholz** einen **um ca. 64% höheren Heizwert als Fichten- oder Pappelholz** hat.

Durch gutes Mischen der Holzsorten, Trocknen und Pressen können zwar bei den Holzpellets theoretisch die Heizwert-Unterschiede etwas verringert werden. In der Praxis liefern jedoch die Sägewerke den Pellet-Herstellern Säge- und Hobelspäne, die sie in ihren Silos durchlaufend sammeln, ohne dass sie dabei eine aufwändigere Sortierung der Holzart vornehmen können. Was der Tag bringt, wird da einfach in das Silo im Sägewerk oder in eine Schreinerei hineingeblasen, wobei z. B. auch ein Anteil von Rinde anfallen kann usw. Mit der Einhaltung eines einheitlichen Heizwertes ist es somit in der Praxis sehr schwer.

Abb. 41 – Nachwachsende Rohstoffe stellen zwar einen umweltfreundlichen Brennstoff dar, aber man darf vor lauter Euphorie nicht die „Kleinigkeit" außer Acht lassen, dass ein neu gepflanzter Baum etwa 80 bis 100 Jahre lang wachsen muss, bevor er gefällt werden kann...

4.5 Planungsüberlegungen

Die Steuerungsautomatik eines guten Holzpellet-Zentralheizungsofens kommt mit den gehobenen Anforderungen an eine zuverlässige Funktion gut zurecht, aber sie ist erheblich komplizierter – und daher auch wesentlich teurer – als z. B. die Steuerungsautomatik eines Öl-Heizkessels. Auch die Förder-Schnecke und die dazugehörende Vorrichtung für einen zuverlässigen Transport der Pellets vom Silo in den Heizkessel verteuern das ganze System und seine Wartung. Der daraus resultierende hohe – bzw. viel zu hohe – Anschaffungspreis einer solchen Anlage dürfte nur dann gerechtfertigt sein, wenn sich der Preisunterschied ungefähr innerhalb der folgenden ca. 12 Jahre durch den Kostenvorteil bei den Holzpellet-Einkaufspreisen zurückverdienen ließe.

Dies ist zwar momentan nicht der Fall aber das kann sich ändern – allerdings in beiden Richtungen: Die Heizölpreise können kräftig steigen und die Preise der Holzpellets können dann im Vergleich attraktiver werden. Anderseits ist es aber auch nicht ausgeschlossen, dass eines Tages die staatliche Förderung der Holzpellet-Herstellung abgeschafft oder verringert wird, wodurch die Holzpellets zu einem „Luxus-Brennstoff" werden.

Bevor Sie sich für eine solche Anschaffung entschließen, beschaffen Sie sich folgende aktuelle Informationen:

● Auskunft über die gerade aktuellen Erdgas, Heizöl- und Holzpellet-Preise + evtl. Zusatzkosten bei vergleichbar großen Abnahmen (von z. B. 4.000 Liter Heizöl und 9,7 Tonnen Holzpellets). Die meisten Heizöl-Lieferanten liefern auch Holzpellets, womit eine telefonische Auskunft bei zwei oder drei örtlichen Lieferanten genügt (die Preisunterschiede sind meist sehr gering). Verlangen Sie dabei jeweils Preise inklusive Mehrwertsteuer und eventuellen Zusatzkosten.

● Auskunft über aktuelle Fördermittel (deren Höhe in den Bundesländern unterschiedlich ist) erteilt Ihnen das Landratsamt sowie auch Ihre Hausbank.

● Fragen Sie ihren Schornsteinfeger-Meister, welche Erfahrungen er mit den Abgasmessungen bei derartigen Pellet-Heizkesseln hat, bzw. was er Ihnen in dieser Hinsicht „unverbindlich" empfehlen würde.

● Erkundigen Sie sich bei mehreren Anbietern über die Gesamtkosten der Anlage samt dem Silo und samt evtl. baulicher Maßnahmen, die vor allem mit der Unterbringung des Silos verbunden wären.

● Erkundigen Sie sich genauestens über die Wartungskosten einer solchen Anlage. Sie können unter Umständen erheblich höher ausfallen, als bei einem Gas- oder Öl-Heizkessel. Dies ist vor allem darauf zurückzuführen, dass Holzpellet-Heizungen sehr viele serviceanfällige Bauteile und Vorrichtungen benötigen, die des Öfteren nachgestellt oder repariert werden müssen. Vorsicht bei einem Wartungsvertrag, in dem nur die Stundenlöhne, nicht aber die Materialien einkalkuliert sind, denn das bietet den Lieferanten einen ziemlichen Spielraum!

● Nicht vergessen: Holzpellets verbrennen nicht spurlos. Es entsteht zwar sehr wenig Asche, aber hin und wieder muss sie dennoch entsorgt werden. Schlimm daran ist nicht die eigentliche Arbeit, sondern die Tatsache, dass man sich damit sozusagen eine weitere Verpflichtung ins Haus holt, die man gewissermaßen unter Kontrolle halten muss.

4.5 Planungsüberlegungen

Wir haben in der vorhergehenden Beschreibung auf viele Aspekte hingewiesen, die so mancher Interessent übersieht, der sich nur an einigen zu einseitigen Auskünften orientiert. Dennoch bleiben viele Fragen individueller oder aktueller Art offen, die vielleicht gerade für Sie wichtig sein können.

Wenn Sie bisher z. B. einen Öl- oder Gas-Heizkessel betrieben haben, der inzwischen alt geworden ist und einen relativ niedrigen Wirkungsgrad hat, sollten Sie für Ihre Kaufüberlegungen und Kostenvergleiche nicht unbedingt die Heizkosten der letzten Jahre als eine zuverlässige Referenz einstufen. Modernere Gas- und Öl-Heizkessel weisen meist einen höheren Wirkungsgrad auf, als ihre älteren Vorgänger. Der Wirkungsgrad-Unterschied ist zwar in der Regel bei weitem nicht so hoch, wie es manche Anbieter (und Hersteller) glaubhaft zu machen versuchen, aber eine gewisse Heizkosten-Einsparung (von z. B. 10 bis 25%) wird mit einem moderneren Gas- oder Öl-Heizkessel dennoch erzielt.

Rechnen Sie sich möglichst genau aus, wie es mit dem Heizkostenvergleich zwischen einer Heizung mit einem neuen Gas- oder Öl-Heizkessel und einem Holzpellet-Heizkessel für Ihre Zentralheizung aussehen dürfte. Sie

Berechnungsbeispiel B

a) **Neue Öl-Heizkessel-Anlage** mit Installation, kostet € 4500,–. Ihre tatsächliche Lebenserwartung liegt bei ca. 13 bis 15 Jahren. Es werden allerdings im Laufe der Zeit einige neue Ersatzteile und Wartungsarbeiten benötigt, die den ganzen Spaß etwas verteuern. Wir teilen daher die Grundinvestition nur durch 10 Jahre, woraus sich ein Kostenanteil von **450,– € pro Jahr** ergibt.

b) **Neuer Keller-Öltank** mit Installation, kostet 3.500,– €. Für seine Lebenserwartung dürfte im Durchschnitt mit 20 Jahren gerechnet werden. Daraus ergibt sich ein Kostenanteil von **175,– € pro Jahr**.

c) Der vorgesehene **Heizöl-Verbrauch** hängt von der Größe des Wohnhauses, der Anzahl der beheizten Räume, ihrer Nutzungsart, der Wärmedämmung des Hauses, sowie auch von dem Warmwasser-Verbrauch ab. Wenn Sie bisher mit einer vergleichbaren Situation noch selber keine Erfahrung machen konnten, lassen Sie sich eine kostenlose und unverbindliche Schätzung von einigen gewerblichen Anbietern machen, bei denen Sie eventuell eine neue Anlage bestellen würden. Für ein kleineres Reihenhaus oder Einfamilienhaus mit guter Wärmedämmung dürften etwa 3000 bis 3.500 Liter Heizöl pro Jahr anfallen. Für ein größeres Haus und eine vierköpfige Familie könnte der Heizöl-Jahresbedarf bei ca. 3.500 Liter liegen. Bei einem (aktuellen) Literpreis 540,– € pro 1.000 Liter ergibt sich daraus ein Betrag von ca. **1.890,– € pro Jahr** (3.500 Liter mal 0,54 € = 1.890,– €).

d) Die Steuerungs-Elektronik und die Gebläse eines moderneren Öl-Heizkessels verbrauchen auch

4.5 Planungsüberlegungen

elektrischen Strom, für den wir **50,– € pro Jahr** als eine Pauschale nehmen (die eigentlichen Umwälzpumpen für die Zentralheizung und Warmwasser-Aufbereitung lassen wir dabei außer Acht, denn die gehören zu dem Heizungs-Kreislauf, der von der Heizkessel-Type unabhängig ist).

Die jährlichen Heizkosten ergeben sich aus den vier vorher berechneten Beträgen:

a) Jährlicher Kostenanteil der Investition in den Heizkessel .... 450,– €
b) Jährlicher Kostenanteil der Investition in den Öltank .... 175,– €
c) Jährlicher Heizöl-Verbrauch .... 1.890,– €
d) Jährlicher Stromverbrauch des eigentlichen Heizkessels .... 50,– €
   Summe .... 2.565,– €

Berechnungsbeispiel C

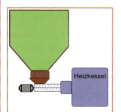

a) Eine **neue Holzpellet-Zentralheizungsanlage** mit einem Silo kostet inklusive Installation ca. **15.000,– €**. In Hinsicht auf die tatsächliche Lebenserwartung solcher Anlagen gibt es noch keine langfristigen Erfahrungswerte. Da jedoch durch die Art des „strapazierenden" Brennstoffs die elektromechanischen Bauteile wesentlich mehr beansprucht werden, als bei einer Öl-Heizung, dürfte hier die Aufrechterhaltung einer reibungslosen Funktion bereits während der ersten 10 Jahre erheblich mehr Service erfordern als ein Öl-Heizkessel. Die Lebensdauer dürfte dabei theoretisch etwa 12 bis 14 Jahre betragen, aber die „Lebenserhaltungs-Maßnahmen" könnten im Laufe der Zeit zunehmend zu Buche schlagen. Wir rechnen daher mit einer „netto" Lebensdauer von 10 Jahren, woraus sich eine jährliche **Abschreibung von 1.500,– €** ergibt.

4.5 Planungsüberlegungen

b) Wie bereits an anderer Stelle aufgeführt wurde, dürften Sie den vorgesehenen Bedarf eines Holzpellet-Jahresvorrats als Vergleich mit einem üblichen Heizöl-Verbrauch ausrechnen oder zumindest schätzen. Wir nehmen dabei das laut *Tabelle 1* festliegende Heizwert-Verhältnis von „1 Liter Heizöl = 2,43 kg Holzpellets zur Hilfe. Ausgehend von einem Heizöl-Jahresverbrauch von 3.500 Liter, wären das 8.505 kg (8,5 Tonnen) Holzpellets". Der aktuelle Holzpellet-Preis pro Tonne liegt momentan bei ca. **264,30 € pro Tonne Pellets**). Dazu kommen noch ca. 24,50 € pro Lieferung als „Abschlauchgebühr". Das ergibt bei 8,5 Tonnen Holzpellets einen **Gesamtpreis von ca. 2.271,– €**.

c) Durch das zusätzliche Pellet-Fördersystem verbraucht ein Holzpellet-Heizkessel meistens etwas mehr Strom, als ein Öl-Heizkessel. Wir dürften hier daher den Stromverbrauch auf **100,– € pro Jahr** veranschlagen (auch hier lassen wir die eigentlichen Umwälzpumpen für die Zentralheizung und Warmwasser-Aufbereitung außer Acht, da sie zu dem Zentralheizungs-System gehören, das vom Heizkessel unabhängig ist).

Die jährlichen Heizkosten ergeben sich aus den drei vorher berechneten Beträgen:

a) Jährlicher Kostenanteil der Investition in die Anlage .... **1.500,– €**
b) Jährlicher Holzpellet-Verbrauch .... **2.271,– €**
c) Jährliche Kosten für den Stromverbrauch des
   Heizkessels mit Förderantrieb .... **100,– €**
   Summe .... **3.871,– €**

4.5 Planungsüberlegungen

sollten dabei nicht nur die eigentlichen Brennstoffpreise, sondern auch die Ausgaben einbeziehen, die der Heizkessel und Brennstoffbehälter (das Silo) mit sich bringen.

Nehmen Sie für diese Berechnung als Referenz jeweils Gas- oder Öl-Heizkessel, die in einer mittleren Preisklasse liegen. Manche der zu teuren Heizkessel bringen oft eine geringfügig höhere Einsparung an Gas- oder Ölverbrauch, die den viel zu hohen Aufpreis gar nicht zurückverdient. Oft stellen zudem gerade die viel zu teuren Heizkessel sehr hohe Ansprüche an intensive Nachstellung und Betreuung von einem Fachmann. Die kleinste Reparatur, die bei einer einfacheren Heizungsanlage ein Heimwerker mit einigen

Handgriffen selber erledigen kann, lässt sich bei manchen teuren Heizkesseln nicht vergleichbar kostengünstig bewerkstelligen.

Zu beachten: die zwei vorhergehenden Beispiele sollen Ihnen **nur dazu** dienen, dass Sie sich selber eine solche Kostenübersicht anhand von **aktuellen** Preisen erstellen können. Die von uns aufgeführten Preise beruhen zwar auf gewissenhaften Vergleichen vieler Systeme, um aber konkrete Beispiele mit Preisvergleichen aufführen zu können, müssen wir dennoch aus sehr vielen Möglichkeiten jeweils nur eine für ein solches Beispiel auswählen.

Wir haben bei allen vorhergehenden Überlegungen sowohl auf einige Schwachstellen als auch auf

die Vorteile dieses Heizsystems hingewiesen. Zu den bedeutenden Vorteilen des Pellet-Heizsystems gehört die problemlose Lagerung des Brennstoffs, bei der – im Vergleich mit der Heizöl-Lagerung – praktisch keine speziellen Sicherheitsmaßnahmen beansprucht werden. Theoretisch könnten die Holzpellets ähnlich wie Kohle in einem Kellerraum oder Schuppen gelagert werden. Wegen einer technisch eleganteren Transportmöglichkeit ist jedoch für die Brennstoff-Bevorratung von Zentralheizungs-Anlagen ein Silo angesagt. Dieses darf jedoch aus beliebigen Materialien – nach Möglichkeit auch in Eigenleistung – angefertigt werden.

4.6 Holzöfen und Festbrennstoff-Heizkessel

Das Angebot an verschiedenen Holzöfen ist sehr groß: mit kleinen Wohnraum-Kaminöfen fängt es an und hört bei Festbrennstoff-Zentralheizungs-Heizkesseln auf, zu denen auch diverse Pellet-/Scheitholz-Heizkessel gehören. Diese Öfen können vor allem für Waldbesitzer interessant sein, deren Haus in einer ländlichen Gegend steht und die bisher mit eigenem Holz ihre Räume ohnehin nur mit mehreren einzelnen Holzöfen beheizt haben.

Kleinere Holzöfen können z. B. in der Form von Kaminöfen nach *Abb. 42* ähnlich wie ein Kachelofen oder ein offener Kamin in einem Wohnraum aufgestellt werden, der bereits über eine Zentralheizung verfügt. Ein solcher Ofen dient zu einer gelegentlichen Beheizung des Wohnzimmers mit Stückholz, wenn die Zentralheizung abgestellt ist, oder wenn an sehr kalten Wintertagen eine gemütlichere (stärkere) Beheizung erwünscht ist.

Im Vergleich zu den herkömmlichen Holzöfen verfügen viele der modernen Holzöfen, die als „Dauerbrand-Holzöfen" ausgelegt sind, über eine Steuerung der Verbrennung, über einen großen Füllraum und über einen Pufferspeicher, der an den Raum oder an das Heizsystem immer nur so viel Wärme abgibt, wie jeweils benötigt wird. Der Vorteil dieser Öfen und Heizkessel besteht darin, dass das Holz nicht ständig – bzw. nicht zu oft – nachgelegt werden muss. Das Nachlegen erfolgt jedoch manuell, denn für ein automatisches Nachlegen sind solche Öfen (noch) nicht vorgesehen. Auch die Entsorgung der Asche erfolgt auf dieselbe Art und Weise, wie bei allen herkömmlichen Holz- oder Kohleöfen.

Dauerbrand-Holzöfen sind nicht (bzw. nicht bei allen Bezugsquellen) teuer und eignen sich daher auch sehr gut z. B. für das Beheizen von Gästezimmern im Dachausbau, die selten bewohnt sind und bei denen somit bei einem Neubau oder bei einer Hausrenovierung auf einen Anschluss an die Zentralheizung verzichtet werden kann.

Viele dieser Öfen sind sehr dekorativ und können u. a. anstelle eines Kachelofens oder offenen Kamins zusätzlich zu der Zentralheizung als eine weitere „romantische Wärmequelle" dienen.

Abb. 42 – Kaminöfen sind in großer Auswahl erhältlich: Ausführungsbeispiel eines kleineren Kaminofens (Foto: Wodtke GmbH)

4.7 Kachelöfen und offene Kamine

Kachelöfen und offene Kamine gehören zu den beliebtesten „zusätzlichen Festbrennstoff-Heizungen", die vor allem in unseren Wohnzimmern ihre Anwendung finden. Sie geben sich mit beliebigen Holzsorten und Holzabfällen zufrieden, zu denen z. B. auch dickere Äste gehören, die beim Baumschnitt im eigenen Garten anfallen und verwerten somit ausgesprochen umweltfreundlich nachwachsende Brennstoffe.

In Deutschland haben sich traditionell etwas mehr die Kachelöfen als die offenen Kamine durchgesetzt. Manche selbsternannte „Experten" befürworten die Anwendung eines Kachelofens vor dem offenem Kamin aus dem Grund, dass ein offener Kamin physikalisch bedingt einen wesentlich niedrigeren Wirkungsgrad hat, als ein Kachelofen.

Diese Ansicht stimmt zwar in der Form einer rein physikalisch ermittelbaren Momentaufnahme, die emotionslos in einem Labor vorgenommen wird. Sie stimmt aber keinesfalls in Hinsicht auf die praxisbezogene Flexibilität der Anwendung und auf die tatsächliche Auswirkung auf das subjektive Empfinden eines Menschen, der sich unter bestimmten Umständen oft „plötzlich" nach etwas Wärme sehnt. Hier spielt auch der Aspekt der Roman-

Abb. 43 – Zwei schöne Beispiele von ausladenden Kachelöfen

4.7 Kachelöfen und offene Kamine

sehen und bei etwas Glück duftet das brennende Holz auch noch angenehm.

Das alles geht sozusagen unter die Haut und trägt dazu bei, dass der Mensch die Wärme – die unter diesen Umständen sehr sparsam dosiert werden darf – gleichzeitig mit mehreren Sinnen wahrnimmt. Abgesehen davon kann ein offener Kamin bei Bedarf die ersehnte Wärme quasi auf Abruf sofort liefern und nur für eine beliebige Zeitspanne den Bedarf nach etwas mehr Wärme prompt stillen.

Wir alle kennen ähnliche Situationen: Man kommt von außen, ist durchgekühlt und sehnt sich nach

Abb. 44 – Ein offener Kamin ist ein romantischer Wärmespender

tik und des animalischen Wohlbefindens eine bedeutende Rolle. Die Wärme eines offenen Kamins empfindet ein Mensch nicht nur „thermisch", sondern auch akustisch und optisch: das Feuer wärmt nicht nur spürbar, sondern es knistert gemütlich, man kann es zudem auch

Abb. 45 – Ausführungsbeispiel eines etwas modifizierten offenen Kamins, dessen Innenleben nach der Art eines Kachelofens ausgelegt ist

4.7 Kachelöfen und offene Kamine

Abb. 46 – Zwei Beispiele einer attraktiven Kombination von einem Kachelofen mit einem offenen Kamin

etwas Wärme. Eine Minute später kann schon das Kaminfeuer brennen und Wärme ausstrahlen. Eine halbe Stunde später fühlt man sich unter Umständen schon ausreichend „durchgewärmt" und braucht diese „zusätzliche Wärmequelle" nicht mehr. Aus dieser Sicht ist ein offener Kamin eine ausgesprochen energiesparende und zudem romantische Wärmequelle. Ein Kachelofen kann wiederum das Holz effizienter verbrennen und speichert zudem die Wärme länger als ein offener Kamin.

Eine sympathische Kombination der angesprochenen Vorteile eines offenen Kamins (das sichtbare Feuer) mit denen eines Kachelofens (effizientere Verwertung des Brennholzes und ergiebigere Speicherung der Wärme) bilden z. B. die Kachelöfen aus *Abb. 46*.

Kachelöfen und offene Kamine sind in großer Auswahl auch als Bausätze erhältlich und können mit einem geringen Kostenaufwand zu echten Schmuckobjekten werden, die sich z. B. auf die gemütliche und romantische Einrichtung eines Wohnzimmers sehr positiv auswirken.

5 Wärmepumpen

5 Wärmepumpen

Wärmepumpen werden seit etwa einem halben Jahrhundert für eine sogenannte ökologische Hausbeheizung eingesetzt. Sie nutzen zwar die kostenlose Umweltwärme, wie es aber bei fast allen Nutzungsarten der kostenlosen Energien der Fall ist, sind auch hier die dafür benötigten Vorrichtungen und Maßnahmen im allgemeinen sehr teuer.

Die eigentliche umweltfreundliche Art dieser Technik beruht auf einem ähnlichen Prinzip wie die Funktion eines elektrischen Kühlschrankes, aber es wird auf eine etwas andere Art angewendet. *Abb. 47* zeigt die prinzipielle Funktionsweise einer Wärmepumpe, deren Aufgabe es ist, die an sich bescheidene Wärme aus dem Untergrund durch den Einsatz von elektromechanischen Vorrichtungen auf ein Niveau anzuheben, das zum Heizen und zur Warmwasserbereitung geeignet ist.

Als das „Herz" einer Wärmepumpen-Anlage dürfte der elektrisch betriebene *Kompressor* bezeichnet werden, der sich auch bei allen Kompressor-Kühlschränken in unserem Hausalt durch sein hörbares Pumpen bemerkbar macht. Er pumpt durch einen „Kreislauf" ein spezielles *Arbeitsmittel,* das einen Energietransfer ermöglicht. Der erforderliche thermodynamische Kreisprozess setzt hier voraus, dass das *Arbeitsmittel* bei niedrigen Temperaturen unter Aufnahme bzw. Abgabe von Wärme seinen Zustand von flüssig auf gasförmig (und umgekehrt) ändert.

Bei dem Erdwärme-Pumpensystem *(Abb. 47)* fungiert z. B. eine Erdsonde oder ein Erdkollektor als die eigentliche Wärmequelle, die ihre Energie an einen **Verdampfer** liefert. Der **Verdampfer** hat viel Ähnlichkeit mit einem Warmwasser-Speicher (oder Wasserkocher). Seine „Spirale" (sein Wärmetauscher) ist zwar nicht warm genug, um z. B. Wasser aufheizen zu

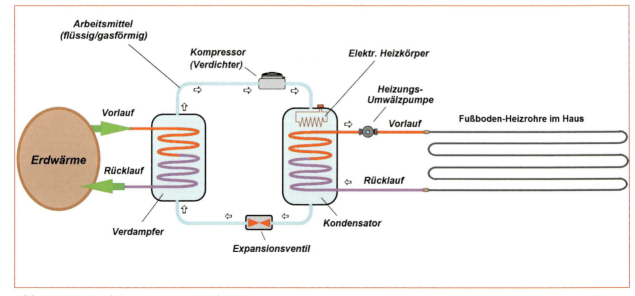

Abb. 47 – Das Funktionsprinzip einer Erdwärmepumpe

5 Wärmepumpen

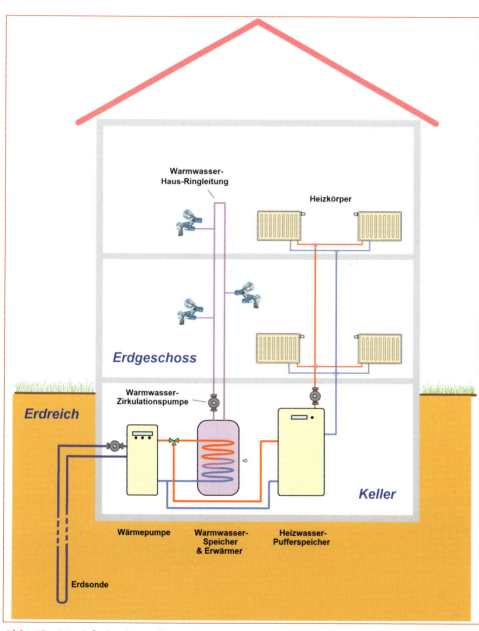

Abb. 48 – Vereinfachte Darstellung eines Wärmepumpen-Systems mit einem Warmwasser-Speicher/Erwärmer und einem Heizwasser-Pufferspeicher für die Zentralheizung

können, aber warm genug, um das kalte flüssige Arbeitsmittel (aus dem Kreislauf) zum Verdampfen zu bringen.

Das dampfförmige Arbeitsmittel wird dem **Kompressor** zugeführt, der es verdichtet und zu so genanntem Heißgas erhitzt, das der Kompressor in den „Wärmetauscher" (in die „Heizspirale") des **Kondensators** pumpt. Ähnlich wie bei einem Wasserkocher gibt hier der Wärmetauscher die Wärme an das Heizsystem ab und kondensiert dabei zu einem flüssigen warmen Arbeitsmittel.

Das flüssige (warme) Arbeitsmittel wird anschließend am Expansionsventil „entspannt", wodurch es abrupt abkühlt und durch die „Spirale" des Verdampfers seine „Runde" fortsetzt.

In einer Zentralheizungs-Anlage erhält die Wärmepumpe

5 Wärmepumpen

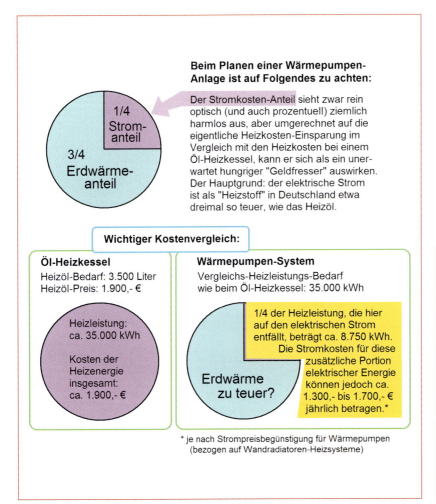

nach *Abb. 48* noch einen Warmwasser-Speicher/Erwärmer und einen Heizwasser-Pufferspeicher für das Heizungssystem.

Rein theoretisch ist vor allem die Nutzung der Erdwärme (mit Hilfe von Erdsonden oder Erdkollektoren) eine feine Sache, denn die eigentliche Energiequelle steht hier durchlaufend zur Verfügung – was z. B. bei der Solar- oder Windenergienutzung nicht der Fall ist. Die

> **Wichtig**
>
> Informieren Sie sich im Zusammenhang mit Ihren Planungsüberlegungen jeweils rechtzeitig darüber, ob es Fördermittel gibt und (wenn ja) wovon die Höhe dieser Fördermittel abhängt. Die „Spielregeln" sind in einzelnen Bundesländern unterschiedlich und die Fördermittel sind zudem meist limitiert. Wer zu spät kommt, erhält entweder gar nichts oder muss warten, bis er an der Reihe ist. Die schnellste Auskunft zu den Möglichkeiten einer staatlichen Förderung erhalten Sie bei Ihrem Landratsamt oder bei Ihrer Hausbank.

Abb. 49 – Vorsicht Fallen: Es sieht ziemlich harmlos aus, wenn es heißt, dass ein Wärmepumpensystem „nur" etwa ein Viertel oder ein Drittel der Energie aus dem elektrischen Netz beziehen muss, aber es handelt sich dabei leider um eine Energie, die momentan oft mehr als dreimal so teuer ist, als z. B. das Heizöl

5   Wärmepumpen

> **Wichtig**
>
> Erkundigen Sie sich bitte bei Ihren eventuellen Planungsüberlegungen gründlich darüber, welche der angebotenen Wärmepumpen-Systeme *nur* für eine – oder ***vor allem*** für eine – Fußbodenheizung vorgesehen sind.
>
> Es hat sich ja inzwischen herumgesprochen, dass Fußbodenheizungen im Vergleich mit herkömmlichen Wandradiatoren zwei kritische Nachteile haben:
>
> - Mit der warmen Luft steigt im Raum vollflächig überhalb der ganzen Fußbodenfläche raumfüllend der mikroskopisch feine Staub auf, wobei es nachweislich nicht viel hilft, wenn der Fußboden täglich perfekt gereinigt wird (Wand-Heizkörper haben im Vergleich damit nur eine sehr kleine, pflegeleichte Oberfläche und die Staubentwicklung ist hier minimal).
> - Die Raumluft wird durch diese Heizungsart erfahrungsgemäß sehr ausgetrocknet.
>
> Inwieweit diese zwei Nachteile der Fußbodenheizung tatsächlich die Hausbewohner stören – bzw. ihre Gesundheit beeinträchtigen – hängt von individueller persönlicher Kondition und Sensibilität, sowie auch von der Art der Belüftung, Wärmedämmung und der Bausubstanz des Hauses ab. Je besser ein Haus wärmegedämmt und gegen jedes von außen hereindringendes Lüftchen geschützt ist, umso schlimmer sind die gesundheitlichen Folgen für die Menschen, die sich einreden ließen, dass sie in so einer „Thermosflasche" ihr Dasein verbringen sollten. Am schlimmsten leiden unter diesem Heizsystem Kinder: sie bekommen oft Asthma oder Allergien und dann hilft in solchen Fällen meist nur Eines: schnellstens in ein Haus umziehen, das mit „normalen" Wandheizkörpern beheizt wird.
>
> Künstliche Luftbefeuchtung hilft üblicherweise nur wenig, da auf diese Weise keine angemessen feuchte Luft erzeugt wird. Mit künstlicher Lüftung ist es noch schlimmer, denn die Luft strömt in dem Fall ständig nur in einer Richtung, beinhaltet meist zu viel Staub und wirkt sich im Prinzip als ein weiterer gesundheitsschädigender Faktor aus.
>
> Warnungen der Ärzte kollidieren hier jedoch mit der Suche (oder Sucht) nach Energieeinsparungen, die oft auf einseitig bewerteten Messergebnissen basieren, bei denen meist nur künstlich simulierte Situationen in Laboratorien als Momentaufnahmen ausgewertet werden. Gemessen wird dabei alles Mögliche, nur nicht die Auswirkung auf den Menschen selbst.
>
> Fußbodenheizungen wurden ursprünglich als eine notgedrungene Lösung für das Beheizen von großen Räumen, wie Banken- und Hotelhallen, erfunden und eingeführt, um da auch die Raummitte etwas ausgewogener beheizen zu können. Im privaten Bereich haben sich Fußbodenheizungen zwar als „schicke" energiesparende Heizsysteme teilweise etabliert, aber die Erfahrungen mit dieser Heizung sind oft enttäuschend. Nicht jeder Be-

5 Wärmepumpen

wohner eines Hauses mit Fußbodenheizung muss die angesprochenen Nachteile subjektiv als störend empfinden oder wahrnehmen. Und nicht jeder Besitzer eines Hauses mit Fußbodenheizung fühlt sich dazu berufen, überall herumzuerzählen, dass aus dieser Sicht sein Haus nicht viel taugt.

Zudem kommt es auch darauf an, wie oft man sich in Hinsicht auf seine Lebensweise in so einem Haus aufhält, wie intensiv man es nutzt, lüftet und putzt. Einige verzweifelte Hausfrauen versuchen beispielsweise, den staubenden beheizten Fußboden täglich akribisch zu putzen. Das scheint aber nicht zu helfen, denn der mikroskopische Staub ist auch mit der Raumluft vermischt und lässt sich mit keinen Tricks wirkungsvoll entfernen.

Wer dann das Pech hat, dass er sich in so einem Haus viel aufhalten muss, was z. B. auf Kinder und Hausfrauen zutrifft, der hat ein Problem. Allerdings ein Problem, dessen gesundheitsschädigende Folgen nicht immer rechtzeitig mit dem Heizsystem in Verbindung gebracht werden.

Wie bei so vielen Faktoren, die unsere Gesundheit strapazieren, gibt es sicherlich auch hier Wahrnehmungs- oder Bewertungsunterschiede, die von jeweiligen Gegebenheiten oder Situationen abhängen. Es gibt ja bekanntlich etliche Raucher, die noch als hundertjährige stolz weiterrauchen und dabei behaupten, dass sie der Rauch gesundheitsfördernd konserviert und dass sich geräuchertes Fleisch sowieso länger hält.

Und wie ist es nun mit dem Stand der Technik? Einige Hersteller bieten in letzter Zeit auch Wärmepumpen an, die eine so genannte Vorlauftemperatur (Heizwasser-Temperatur) von bis zu 60 °C liefern können und somit auch für Zentralheizungen mit Wand-Heizkörpern geeignet sind. Der Wehmutstropfen besteht hier allerdings darin, dass der Wirkungsgrad der Wärmepumpen-Heizung mit zunehmender Heizwasser-Temperatur sinkt. Eine solche Heizung verbraucht demzufolge einen etwas größeren Anteil von elektrischem Strom, der aus dem öffentlichen Netz bezogen wird.

Errichtungskosten sind hier allerdings inzwischen sehr hoch geworden und oft hängt es nur von der Höhe der eventuellen jeweiligen staatlichen Fördermittel und des individuellen Bankguthaben ab, ob eine solche Anlage überhaupt in Betracht gezogen werden kann.

Das Prinzip der Wärmepumpen wird auf vier Grundarten angewendet:

a) **Systeme mit Erdsonden** (*Abb. 50 und 52*)
b) **Systeme mit Erdkollektoren** (*Abb. 54*)
c) **Systeme mit Luftwärmepumpen** (*Abb. 56*)
d) **Systeme mit Grundwasser-Nutzung** (*Abb. 57*)

Neben diesen vier Grundarten der Erdwärme-Nutzung gibt es auch noch die Möglichkeit, dass entweder diese Wärmepumpen-Systeme miteinander kombiniert werden oder dass ein anderes Heizsystem – worunter z. B. eine Ölheizung – mit einem der Wärmepumpensysteme kombiniert wird.

5.1 Wärmepumpen-Systeme mit Erdsonden

Wärmepumpen mit Erdsonden weisen einen hohen Wirkungsgrad auf und eignen sich sogar für kleine Grundstücke, wenn diese für die Bohrmaschinen zugänglich sind. Konkret muss hier die Durchfahrt eine Mindestbreite von ca. 3 m und eine Mindesthöhe von ca. 3,5 m haben. Auf dem Grundstück muss u.a. für die Entsorgung des Bohrschlamms genügend Platz für Absetzmulden vorhanden sein.

Der Haken an der Sache ist, dass für ein Einfamilienhaus zwei bis drei Bohrungen für die Erdsonden erforderlich sind, deren Tiefe zwischen ca. 60 und 100 Meter liegt. Schon die reine Bohrung mit Erdsonden kostet ca. 15.000 bis 40.000 € (je nach Anbieter, Bodenbeschaffenheit, Tiefe und natürlich auch abhängig von der Größe des Hauses und dem Wärmebedarf). Der Rest des ganzen Heizsystems – worunter die Wärmepumpe und der Warmwasserbehälter (mit Installation dieser Geräte) erhöht die Grundinvestition um weitere ca. 15.000,– bis 25.000,– €.

Die hier erwähnten Preise haben nur einen rein informativen Charakter, der die Größenordnung einer solchen Investition andeutet. In diesen Preisangaben ist nicht die Installation der Fußbodenheizung und weiterer Heizkörper eingerechnet.

Einigermaßen genauere Auskünfte über die gesamten Kosten bzw. einen maßgeschneiderten Kostenvoranschlag erhalten Sie bei zuständigen gewerblichen Anbietern. Bei solchen Kosten-Voranschlägen ist jedoch auf diverse *nicht eingerechnete Sonderposten* (und die damit verbundenen Aufpreise) zu achten. Diese Posten werden z. B. entweder als „Posten nach Bedarf" aufgeführt und kommen zu der Angebotssumme noch dazu oder sie werden als „bauseits kostenlos zur Verfügung gestellt" oder „bauseits entsorgt" ausgewiesen, was beinhaltet, dass der Bauherr mit diesem Teil der Arbeiten ein anderes Bauunternehmen beauftragen muss. Dies gilt auch für die Fertigstellung von provisorischen Wasser- und Stromanschlüssen, die das Bohrunternehmen benötigt.

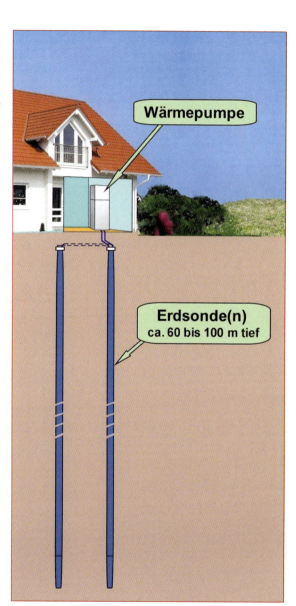

Abb. 50 – Prinzip eines Wärmepumpen-Systems mit Erdsonden

5.2 Planungsüberlegungen

Als Gegenleistung für die hohe Investition liefern die Erdsonden ununterbrochen die „alternative Energie", die etwa zwei Drittel bis drei Viertel der Energie *(nach Abb. 51* deckt, die für die Heizung und Trinkwasser-Aufwärmung benötigt wird. Das fehlende Viertel oder Drittel der Energie muss allerdings (leider) mit elektrischem Strom (aus dem Hausnetz) kompensiert werden. Das wirkt sich auf diese Art der Energienutzung negativ aus, denn der elektrische Strom ist in der Bundesrepublik teuer.

Die durchschnittliche Lebenserwartung des technischen Teils der Erdsonden-Systeme ist nicht bei allen Komponenten gleich: Die eigentlichen Erdsonden können bei etwas Glück das Haus sogar überleben. Die Lebensdauer der Wärmepumpe und des „oberirdischen" Zubehörs (Warmwasser-Speicher, Puffer, Steuerungen usw.) dürfte bei etwa 14 bis 18 Jahren liegen. Dazu kommen noch die Wartung mit einem eventuellen Wartungsvertrag und bei etwas Glück, nur gelegentliche kleinere Reparaturen und Erneuerungen einiger Bauteile.

Dagegen stellt der eigentliche Bohrkosten-Anteil eine einmalige Investition dar, die sozusagen vom Zahn der Zeit nur relativ geringfügig angenagt wird. Geht man davon aus, dass diese Art der Energienutzung auch in den nächsten Jahrzehnten weiterhin angewendet wird (dass z. B. nach 14 Jahren die Wärmepumpe mit dem ganzen Zubehör durch baugleiche Geräte ersetzt wird), dürften die Bohrkosten in die jährliche Abschreibungen nur in ziemlich kleinen Portionen eingerechnet werden.

Die Antwort auf die Frage, was man unter dem Begriff „kleinere Portionen" verstehen darf, hängt von der Höhe der einkalkulierten Bankzinsen und der jeweiligen Fördermittel ab. Die eigentlichen Kosten des reinen Bohrens dürfte ein Optimist z. B. durch 40 teilen, womit nur etwa 2,5 % der Bohrkosten als jährliche Abschreibung entfallen könnten. Dazu müssen jedoch auch noch die Zinsen eingerechnet werden, die jährlich anfallen.

In Hinsicht darauf, dass gerade die anderen kostenintensiven Teile der Investition tatsächlich mindestens 14 Jahre lang dem Errichter dienen dürften, kann die ganze Investition durch etwa 16 bis 20 Jahre geteilt, werden, um ihre Rechtfertigung „über den Daumen" überprüfen zu können. In Hinsicht auf die relativ lange Lebenserwartung der Erdsonde(n) darf zwar die Abschreibung einer solchen Anlage etwas mehr in die Länge gezogen werden. Dabei dürfte man jedoch Folgendes mit berücksichtigen:

● Ein Unternehmen, das Ihnen morgen Ihre Anlage liefern

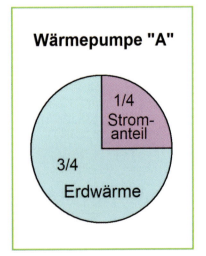
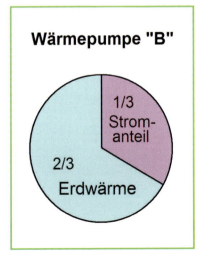

Abb. 51 – Der Stromanteil liegt bei den Wärmepumpen typen- und markenbezogen zwischen ca. 1/4 und 1/3 der gesamten Wärmeleistung

5.2 Planungsüberlegungen

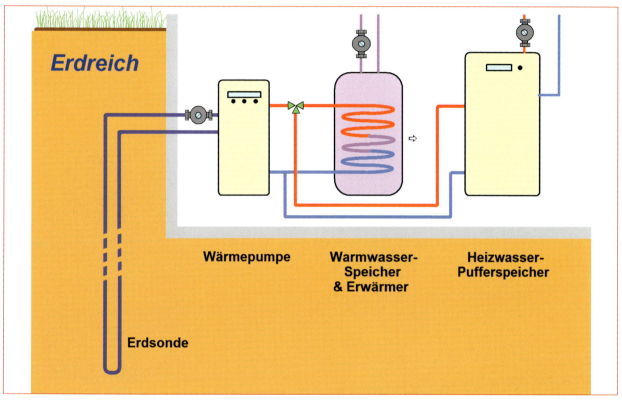

Abb. 52 – Die Lebenserwartung der eigentlichen Erdsonde kann bei etwas Glück sehr hoch sein, aber die Wärmepumpe, der Warmwasser-Speicher und der Puffer müssen im Durchschnitt höchstwahrscheinlich nach etwa 12 bis 14 Jahren erneuert werden (was jedoch typenabhängige Abweichungen verzeichnen dürfte)

wird, kann zwei Jahre später pleite sein. Dasselbe trifft auch auf den Hersteller zu. Es ist daher nicht ausgeschlossen, dass Sie bei etwas Pech bereits nach einigen wenigen Jahren keine Original-Ersatzteile zu Ihrer Anlage erhalten, was eine Reparatur sehr verteuern kann. Eventuelle langfristige Garantien seitens des Lieferanten haben nur dann einen tieferen Sinn, wenn dieser eine ausreichend lange Zeit bestehen bleibt.

● Der technische Fortschritt könnte sich eines Tages auch bei den Heizsystemen ähnlich kräftig durchsetzen, wie z. B. bei vielen anderen Gebrauchsgütern. Wer sich mit der Heiztechnik wirklich gut auskennt, der weiß ganz genau, dass es keinen technisch vertretbaren Grund dafür gibt, dass z. B. ein einfacher Öl-Heizkessel zwanzigmal teurer ist, als eine Waschmaschine – obwohl sie viel mehr komplizierte Bauteile beinhaltet und ein erheblich aufwändigeres

5.2 Planungsüberlegungen

Steuerungssystem benötigt. Der wichtigste Grund, warum alle Heizsysteme so überteuert sind besteht nur darin, dass es der Kunde *gutmütig* zahlt, weil er keine Ausweichmöglichkeit hat. So sind z. B. die Preise der Waschmaschinen in letzter Zeit innerhalb von wenigen Jahren um die Hälfte gefallen, aber die Preise von den wesentlich primitiveren Heizkesseln haben sich in etwa verdreifacht. Das hat etwas mit dem sogenannten Marktmechanismus zu tun: Die Waschmaschinen werden meist in Billiglohn-Ländern hergestellt und direkt an den Kunden verkauft. Die Heizkessel werden in Deutschland hergestellt und die Kunden sind nicht die „Endkunden", sondern die Gewerbebetriebe, die am Zwischenverkauf auch ihren Gewinn haben wollen. Und die finden es gar nicht so schlecht, wenn die Endpreise hoch sind, denn hohe Endpreise beinhalten hohe Gewinnspannen. Das kann sich aber eines Tages genauso ändern, wie bei dem einst ähnlich überteuerten Brillenverkauf und dann wird auch ein guter und „energiesparender" Heizkessel möglicherweise nicht viel teurer sein, als eine Waschmaschine.

● Neue technische und wirtschaftliche Entwicklungen können zur Folge haben, dass neuartige preiswerte und effiziente Heizsysteme erfunden und eingeführt werden, die als Nachfolger der bisherigen Heizsysteme den Markt erobern. Ein kostspieliges Aufrechterhalten einer älteren Heizungsanlage wäre dann unwirtschaftlich. So kann die „anwendungsgerechte" Lebenserwartung einer älteren Anlage kürzer werden, als ihre technische Lebenserwartung – was wir ja von vielen anderen technischen Produkten – wie von PCs, Fernsehern, Kühlschränken usw. – auch kennen.

Alle die vorhergehenden Informationen mögen vielleicht auf den ersten Blick etwas verwirrend erscheinen, aber es gibt leider keine einfachere Art der Gegenüberstellungen und Vergleiche, denn bei diesen Techniken ist alles viel zu durchflochten und viel zu komplex. Bei den hohen Preisen, die hier verlangt werden, lohnt es sich, dass Sie alles lieber dreimal nacheinander durchrechnen, bevor Sie eine Wahl treffen, die Sie später bereuen könnten.

Eine brauchbare Kostenaufstellung lässt sich bei einem Wärmepumpen-System nur dann machen, wenn alle Preise von einem der „ausselektierten" Anbieter „schwarz auf weiß" auf dem Tisch liegen. Das ist nicht schwierig, denn ein solches Angebot erhalten Sie von seriösen An- 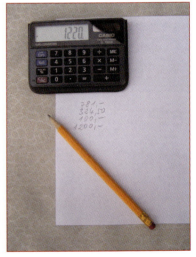 bietern jederzeit kostenlos und unverbindlich. Sie müssen dann nur die einzelnen Posten eines solchen Angebotes durchgehen, wobei Sie sich notieren sollten, welche der Posten Ihnen zu schleierhaft erscheinen, da sie z. B. nur als „pro Meter" oder als „Bedarfspositionen" ohne Preisangabe aufgeführt sind. Anschließend können Sie dem Anbieter „ein Loch in den Bauch" fragen, bis er Sie genauer über solche zusätzlichen Kosten informiert.

Wie bereits erläutert wurde, wären bei diesen Systemen die „Schwindel erregenden Kosten" für die Erdsonde(n) gar nicht so hoch, wenn man sie in Hinsicht auf eine langfristige Abschreibung in kleine Portionen (von z. B. 5 % Abschreibung pro Jahr) einteilen würde. Dieser Aspekt hängt allerdings eher von Ihrer individu-

5.2 Planungsüberlegungen

ellen Risikofreudigkeit als von rein technischen Überlegungen ab.

Aus dieser Sicht ist es bei solchen komplexen Anschaffungen ziemlich schwierig, eine „universale" Kostenaufstellung zu erstellen.

So kann das nun folgende Beispiel nur als ein Wegweiser betrachtet werden:

Beispiel einer Kostenaufstellung:

1. Das **Bohren** und das Anbringen der Erdsonde(n) kostet – je nach den Gegebenheiten und der Bohrtiefe zwischen etwa **20.000 bis 45.000,– €**.

2. Die **Wärmepumpe mit einem Puffer, Warmwasser-Speicher und Zubehör** kostet samt der Montage und aller Anschlüsse etwa **18.000 bis 25.000,– €**.

3. Die Wärmepumpe wird mit einem Elektromotor (Kompressor-Motor) betrieben. Das „Arbeitsmittel" wird im *Kondensator* bedarfsbezogen elektrisch nachgeheizt, wodurch der Stromverbrauch-Anteil etwa 20 % bis 33% der benötigten Leistung ausmacht. Die **Stromkosten** können etwa **800,– bis 1.200,– € pro Jahr** betragen – was von der Größe der beheizten Räume und von den Ansprüchen an den Wärmebedarf abhängt. Die Wärmepumpe erhält einen separaten Stromzähler, über den (momentan) ein etwas verbilligter Strom bezogen werden kann.

4. **Die Kosten für die eigentliche Zentralheizung** – die wahlweise als Fußbodenheizung oder als kombinierte Heizung (Fußbodenheizung & Wand-Heizkörper) ausgelegt werden kann – **kommen noch dazu**. Die Höhe dieser Preise hängt von der Größe des Hauses, sowie auch von der Größe und Anzahl der beheizten Räume ab und muss bei Bedarf separat ermittelt werden.

Bemerkung

Der Stromkosten-Anteil steigt mit der erforderlichen Heizwasser-Temperatur, die technisch als „Vorlauftemperatur" bezeichnet wird. Eine Fußbodenheizung gibt sich z. B. mit einer Vorlauftemperatur von 40 °C zufrieden und arbeitet somit optimal energiesparend. Wand-Heizkörper benötigen dagegen eine Heizwasser-Temperatur von mindestens 60 ° bis 70 °C. Derartig „hohe" Temperaturen können nicht alle Wärmepumpen-Systeme aufbringen und die, die es wohl können, arbeiten wiederum mit einem etwas höheren Anteil des Stromverbrauchs. Es versteht sich von selbst, dass der jährliche Stromverbrauch auch zu der jährlichen Abschreibung der Anlage dazu gerechnet werden muss.

In die Kostenaufstellung sollten – je nach der individuellen Grundstücksgestaltung – auch die Kosten für eine eventuelle Wiederherstellung der Gartenanlage dazugerechnet werden. Ein bereits angelegter Garten kann bei den erforderlichen Erdarbeiten erfahrungsgemäß ziemlich ruiniert werden. Theoretisch sollten bei einer solchen Anlage unbedingt auch die Kreditzinsen einbezogen werden, aber wer einen solchen „Spaß" mit einem Kredit finanzieren müsste, der sollte sich zweimal überlegen, ob er sich auf so ein Abenteuer einlässt. Zudem darf nicht die Frage außer Acht gelassen werden, ob man bereit ist, eine Fußbodenheizung zu akzeptieren, um Stromkosten zu sparen.

5.2 Planungsüberlegungen

> **Wichtig**
>
> Die hier aufgeführten Beispiele dienen nur dazu, dass sie Ihnen eventuelle „Vorkalkulationen" erleichtern, in die Sie sich selber die jeweils aktuellen Heizöl- und Systempreise einsetzen können, um sich ein genaueres Bild über die Sachlage zu verschaffen. Abgesehen davon, dass die Ölpreise größeren Schwankungen unterliegen, gibt es auch große Unterschiede bei den Anschaffungspreisen neuer Anlagen und Geräte.

Leider lassen sich gerade bei den Wärmepumpen-Systemen weder den Prospekten, noch den mündlichen Aufklärungen der Anbieter, keine wirklich eindeutigen Daten entnehmen. Einen schwierigen Posten bildet hier der jährliche Stromverbrauch:

● **Der Stromverbrauch** hängt sowohl von dem technischen (und Marken bezogenen) Konzept des Systems als auch von der benötigten Heizleistung ab. Wird die Heizleistung des ganzen Systems zu sparsam dimensioniert, verringert sich zwar im Durchschnitt der Stromverbrauch, aber es kann dann vorkommen, dass während einiger sehr kalter Wintertage das System auf größere Stromabnahmen zugreifen muss oder dass eine zusätzliche Heizquelle (Kachelofen oder offener Kamin) die Wärmepumpen-Heizung etwas unterstützt.

● In die Planungsüberlegungen sollte unbedingt die Tatsache einbezogen werden, dass der elektrische Strom als „Heizenergie" in Deutschland momentan dreimal so teuer ist, wie das Heizöl. Muss z.B. bei einer Wärmepumpen-Anlage laut Herstellerangaben **nur** etwa ¼ der „Heizenergie" aus dem elektrischen Netz bezogen werden, kommt es finanziell auf Dasselbe hin, wie wenn stolze **drei Viertel** der Heizleistung mit Heizöl erbracht werden müssten. Aus dieser Sicht spart eine Wärmepumpe nur ca. ¼ der Heizkosten ein, die momentan bei einer herkömmlichen Ölheizung anfallen würden. Zudem wird in unserem Lande „offiziell" angestrebt, dass bei der Stromerzeugung der Anteil an alternativen Energien kräftig steigen soll, was mindestens eine Verdoppelung der heutigen Strompreise mit sich bringen könnte.

● **Die Leistung des Systems** muss auf Größe und auf die Wärmedämmung des Objektes abgestimmt sein.

● Die **Ansprüche der Hausbewohner** an die „Gemütlichkeit" der Wärme in einzelnen Räumen können sehr unterschiedlich sein. Es ist nicht jedermanns Sache, dass er während der kälteren Jahreszeit in seinem Wohnzimmer wie ein Eskimo „verhüllt" herumläuft – wie es so manche selbsternannte Experten empfehlen. Daher sollte bereits im Planungsstadium die Leistung der Wärmepumpe mit Erdsonden diesen Aspekt mitberücksichtigen.

● Je mehr Menschen (Familienmitglieder) in einem Haus wohnen, desto mehr Räume müssen gut beheizt sein. Bei der Planung eines solchen Heizsystems sollte jedoch mitberücksichtigt werden, ob z. B. die **Hausbewohner-Zahl** auch in naher Zukunft konstant bleibt. Ein Ehepaar mit drei erwachsenen Kindern wird höchstwahrscheinlich innerhalb weniger Jahre das Haus nur noch alleine weiter bewohnen, wodurch der Bedarf an Heizleistung – und somit auch an Stromverbrauch der Wärmepumpe kräftig sinken kann usw.

5.3 Kaufberatung

Vieles von dem, was bei solchen Systemen in der Form von Leistungsmerkmalen angegeben wird, beruht auf hypothetischen „Standard-Daten" bezüglich der Wärmedämmung des Objektes, der tatsächlichen Ansprüche auf die Innentemperatur in einzelnen Räumen, der Lebensart der Bewohner usw. Man kann hier daher nicht z. B. wie bei einem Fahrzeug den Benzinverbrauch pro Kilometer ermitteln – geschweige denn den tatsächlichen Verbrauch pro Jahr ausrechnen.

Die ständig steigenden Löhne und die umständlichen Herstellungs- und Vertriebsmethoden haben in unserem Lande die Wärmepumpen-Systeme mit Erdsonden leider zu einem Luxusgut gemacht, das bei dem heutigen Kostenaufwand nur bedingt eine attraktive Wirtschaftlichkeit aufweist.

Zudem muss diese Art des Heizens unter Umständen bis zu einem Drittel mit elektrischem Strom bewältigt werden, der wiederum zu den mit Abstand teuersten Heizenergien gehört und in der Bundesrepublik im EU-Vergleich sehr teuer ist. Dies wird – neben den hohen Lohnkosten bei den Betreibern – durch diverse zusätzliche „Steuer auf Steuer", sowie auch noch dadurch verursacht, dass die Stromlieferanten in ihre Strompreise auch die überhöhten „Einkaufspreise" einrechnen, die sie den Betreibern von z. B. Solar- und Windanlagen zahlen müssen.

Abgesehen davon werden in unserem Lande in die Stromkosten auch alle Errichtungen der Anschlüsse von „alternativen Energiequellen" (Fotovoltaik- oder Windgeneratoren) eingerechnet, denn diese muss (laut eines Bundesgerichtshof-Urteils vom 10. November 2004, AZ VIII ZR 391/03) der Netzbetreiber zahlen – was er natürlich auf die Strompreise seiner Kunden umrechnen darf. Entschließt sich z. B. ein „Großverdiener" dazu, dass er das Dach seines Anwesens mit Fotovoltaik-Modulen „voll belegt" und sein bestehender Kabel-Hausanschluss ist für die erhöhte Stromeinspeisung zu unterdimensioniert, muss der Netzbetreiber auf eigene Kosten die Straße(n) ausbaggern, eine neues, stärkeres Kabel unter die Erde verlegen, die Straßen wieder in Stand setzen und den Anschluss erstellen. Wäre ja gar nicht so schlimm, aber aufkommen muss dafür auch der Rentner oder der Geringverdiener, der nebenan in einer Mietwohnung wohnt und über erhöhte Strompreise solche Projekte mitfinanzieren muss.

Sollte sich der Traum einiger bundesdeutscher Politiker erfüllen, die auf Biegen oder Brechen durchsetzen möchten, dass in der Bundesrepublik 10 % des Strombedarfs von Fotovoltaik- und anderen vergleichbar teuren Öko-Stromquellen bezogen wird, dürfte es unter Umständen eine Verdoppelung der heutigen Strompreise zur Folge haben. Rein rechnerisch ist dies einfach nachzuvollziehen: Für den Strom aus „Öko-Quellen" zahlen die Stromlieferanten bis zu etwa das 11fache von dem, was sie sonst für den Strom – worunter auch für den importierten Strom aus französischen Kernkraftwerken – zahlen. Steigt der Anteil des „ökologisch" erzeugten Stroms auf ca. 10 %, ergibt sich daraus rein rechnerisch leicht eine Verdoppelung des gesamten Einkaufspreises (abgesehen von den zusätzlichen Sonderkosten, die durch die sehr aufwendige Verwaltung und Vergütung aller kleinen Lieferanten anfallen). Kein Lieferant gibt jedoch nur den kahlen Einkaufspreis einer Ware an seine Kunden kostenlos weiter, sondern rechnet darauf auch noch seinen Rabatt auf. So dürfte die an sich gut gemeinte ökologische Stromerzeugung eine kräftige Erhöhung der Stromkosten mit sich bringen.

Im Zusammenhang mit den Wärmepumpen wäre darauf hinzuweisen, dass schon gegenwärtig das Heizen mit elektrischem Strom viel teurer ist, als das Heizen mit Gas oder mit Öl. Die Formulierung „viel teu-

5.3 Kaufberatung

rer" sagt allerdings als solche wenig aus. Wir können uns den Kostenunterschied aber leicht ausrechnen:

1 Liter Heizöl kostet gegenwärtig **0,54 €** und hat eine Heizleistung von ca. **10 kWh**. Ersetzen wir diese Leistung von 10 kWh mit elektrischem Strom, kostet der ganze Spaß (bei einem Preis von ca. **0,17 €** pro Kilowattstunde im Jahr 2007) stolze **1,70 €**. Mit anderen Worten: würden wir einen Heizkessel der Zentralheizung nicht mit Heizöl, sondern mit elektrischem Strom betreiben, wäre der ganze Spaß bei den gegenwärtigen Preisen etwa dreimal so teuer. Aus diesem Vergleich ergibt sich auch folgendes Problem, das nicht zu unterschätzen ist: Muss der Wärmebedarf einer Wärmepumpen-Anlage z. B. zu einem Viertel mit elektrischem Strom gedeckt werden, können schon die reinen Stromkosten beispielsweise annähernd so viel kosten, wie zwei Drittel oder drei Viertel des jährlichen Heizöl- oder Gasverbrauchs bei herkömmlichen Heizkesseln.

Bei der Planung einer Wärmepumpen-Anlage in einem Neubau kann der Anbieter allerdings mit allen Zahlen unheimlich „herumjonglieren", denn niemand kann von vornherein ausreichend zuverlässig den tatsächlichen Wärmebedarf ausrechnen, sondern nur ungefähr einschätzen. Auch ein gewissenhafter Anbieter kann dabei höchstens von durchschnittlichen Erfahrungswerten ausgehen, die sich auf Ihre individuelle Situation nur annähernd anpassen lassen. Zudem können sich in den gesamten Neubau- oder Umbaukosten so manche Baumaßnahmen verbergen, die nur wegen einer Wärmepumpen-Anlage vorgenommen werden müssen.

Haben Sie jedoch bereits Erfahrung mit dem Heizölverbrauch in Ihrem Haus, können Sie das vorhergehende Berechnungsbeispiel auch noch von einer anderen Seite unter die Lupe nehmen:

Angenommen, Sie haben bisher etwa 3.500 Liter Heizöl pro Jahr verbraucht. Und angenommen, Ihr Heizkessel ist schon ziemlich alt und renovierungsbedürftig (andernfalls hätten Sie wahrscheinlich noch keinen Bedarf gehabt, sich nach besseren Alternativen umzusehen).

Würden Sie sich einen neuen Öl-Heizkessel anschaffen, dürften Sie davon ausgehen, dass die Technik inzwischen im Allgemeinen etwas ausgereifter ist und dass daher ein neuer Öl-Heizkessel zumindest „einigermaßen" energiesparender heizen könnte, als sein Vorgänger. Wenn Sie nicht zufälligerweise Geld zu verschenken haben, käme für Sie am besten ein moderner, aber nicht zu teurer Heizkessel in Frage, bei dem Sie mit einer tatsächlichen Energie-Einsparung von etwa 15 bis 20% rechnen dürften.

Da jeder Winter nach einem anderen Schema verläuft, ist es allerdings mit einem exakten Vergleich der Heizkosten-Einsparung nicht gerade einfach. Aber Vorsicht bitte: das wissen auch die Hersteller und die Anbieter...

Zurück zu dem Beispiel der Neuanschaffung eines Öl-Heizkessels, den Ihnen z. B. ein vertrauenswürdiger örtlicher Handwerker empfohlen hat bzw. für den Sie sich nach einigen persönlichen Recherchen bei mehreren seriösen Anbietern entschließen: Wir nehmen bei so einem Kessel vorsichtshalber an, dass er etwa 15 % weniger Öl verbraucht, als sein Vorgänger, der ungefähr die erwähnten 3.500 Liter Heizöl pro Jahr verbraucht hat und landen somit bei einem theoretischen Jahres-Ölverbrauch von ca. 3.000 Liter. Wir werden diesmal das Sprichwort „Grau ist alle Theorie, in der Praxis stimmt es nie" einfach ignorieren und bleiben bei diesen 3.000 Litern, um einen „festen" (obwohl nur theoretischen) Ausgangspunkt für weitere Überlegungen zu haben.

Wie bereits angesprochen, haben Wärmepumpen zusätzlich einen ziemlich hohen Stromverbrauch, der in der Praxis bestenfalls immerhin noch etwa ein Viertel der gesamten Heizkosten (= der Heizleistung) ausmacht.

5.3 Kaufberatung

Was ist aber „ein Viertel" der Heizkosten? Wenn wir als Referenz die Heizleistung eines neuen (also eines relativ energiesparenden) Öl-Heizkessels nehmen, die nach unserer vorhergehenden Berechnung 3.000 Liter Öl verbrauchen würde,

dürfte theoretisch ein Viertel (25 %) von dem Ölverbrauch für den zusätzlichen Anteil vom elektrischen Strom entfallen, den eine Wärmepumpe benötigt.

Das wären demzufolge (theoretisch) **750 Liter Heizöl** (3.000 Liter Heizöl : 4 = 750 Liter Heizöl).

Die Heizleistung von 750 Liter Heizöl beträgt (bei einer Heizleistung von 10,03 kWh pro Liter) stolze 7.522 kWh (Kilowattstunden).

Rechnen wir diese Heizleistungen auf den Strombedarf unserer Wärmepumpen-Anlage um und gehen dabei von Strompreisen (preisgünstiger Elektrizitätsversorger) von 17 Cent pro Kilowattstunde (kWh) im Jahr 2007 aus, ergibt sich daraus, dass die zusätzlichen Stromkosten für die Wärmepumpenanlage jährlich ca. **1.278,74 €** betragen dürften (7.522 kWh x 0,17 € = 1.278,74,– €). Diese Umrechnung dient jedoch nur einer

---

Fazit

Auch wenn eine sehr gute Wärmepumpe stolze drei Viertel der benötigten Wärmeleistung quasi kostenlos liefert, muss sie mit elektrischem Strom unterstützt werden, der in Hinsicht auf unsere hohen Strompreise einen zu großen Anteil an den jährlich anfallenden Kosten ausmacht – wie in *Abb. 51* auch bildlich hervorgehoben wird. Nicht ganz außer Acht sollten dabei die Wartungskosten gelassen werden, die bei aufwändigeren Reparaturen an einer Wärmepumpen-Anlage nach einigen Betriebsjahren anfallen können und den Traum vom lebenslangen kostengünstigen Heizen als eine eventuelle Altersversorgung zerstören können. Mit anderen Worten: Man hat bei einer Wärmepumpenanlage nicht auf die Dauer „ausgesorgt", denn die Behebung eines Defektes kann bei einer solchen Anlage „eines Tages" mehr kosten, als man vielleicht zu dem Zeitpunkt überhaupt noch aufbringen kann.

Eine Wärmepumpen-Heizung mit Erdsonde ist bei dem heutigen Stand der Technik aus der Sicht der Erdwärmenutzung eine der effizientesten Energiequellen unter den Systemen, die eine bestehende natürliche Energie nutzen. Allerdings nur aus dieser Sicht. In Hinsicht auf die sehr hohen Investitionskosten sollten daher vor einer Auftragserteilung zum Kostenvergleich unbedingt die aktuellen Preise von Heizöl, Gas und den Strom-Kilowattstunden in die Planungsüberlegungen einbezogen werden.

In eine Wärmepumpen-Anlage sollte grundsätzlich nur „eigenes" Geld investiert werden. Bankzinsen verteuern ein solches Vorhaben zu sehr, auch wenn sie noch so niedrig sind. Wer in der heutigen Zeit der unsicheren wirtschaftlichen Entwicklungen ein Neubau nicht voll aus eigenen Mitteln finanzieren kann, der sollte seine Hypothek nicht mit zusätzlichem Kostenaufwand für eine teure Wärmepumpen-Anlage belasten.

Und die Umwelt? Die wird von solchen „Späßchen" weniger berührt, als im Allgemeinen angenommen wird, denn bei der Herstellung und Errichtung einer solchen Anlage (mit dem ganzen Sonder-Zubehör) wird oft mehr Energie verbraucht, als die Pumpe überhaupt „netto zurückpumpen" kann.

5.3 Kaufberatung

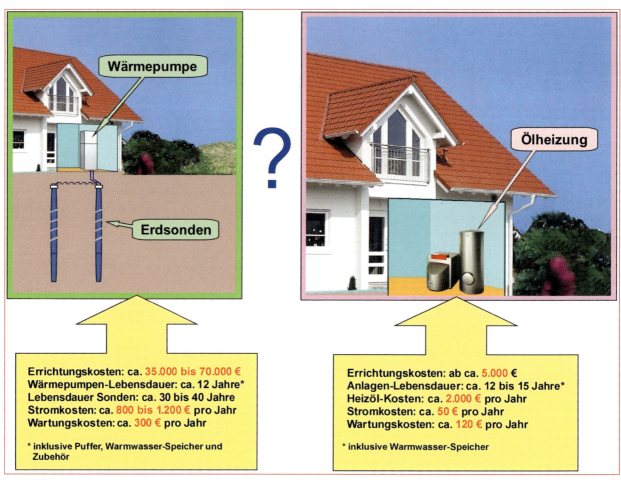

Abb. 53 – Eine Wärmepumpen-Anlage mit Erdsonden stellt im Vergleich mit einer Öl-Heizung leider einen ziemlich teuren Spaß dar. Dieser Kostenvergleich ist nur als ein unverbindliches Beispiel einer Kostenaufstellung zu betrachten, nach der Sie Ihre eigenen Planungsüberlegungen erstellen und die hier aufgeführten Kosten und Preise mit aktuellen Preisen Ihrer örtlichen Anbieter ersetzen können.

Vorstellung der Größenordnung der konkreten Stromkosten, deren Höhe Sie nach diesem Beispiel selber „maßgeschneidert" in Ihre Planungsüberlegungen einbeziehen können.

Dieses Berechnungsbeispiel bezieht sich allerdings nur auf Strompreise, die voraussichtlich – wie fast alles andere auch – von Jahr zu Jahr steigen werden.

5.4 Wärmepumpen-Systeme mit Erdkollektoren

Anstelle der ziemlich teuren Erdsonden können bei Wärmepumpen die Aufgabe des Erdwärme-Lieferanten auch so genannte Erdkollektoren übernehmen, die nach *Abb. 54,* ähnlich wie eine Fußbodenheizung etwa nur 1 bis 1,5 Meter tief unter die Erdoberfläche verlegt werden.

In dieser Tiefe bleibt die Erde in unserem Breitengrad immer frostfrei und zudem auch noch relativ warm. Sie ist zwar nicht so warm, wie die Erde in einer Tiefe von z. B. 100 Meter, aber dadurch, dass hier der Erdkollektor eine sehr große Fläche hat (und haben muss), gleicht sich dieses Manko etwas aus.

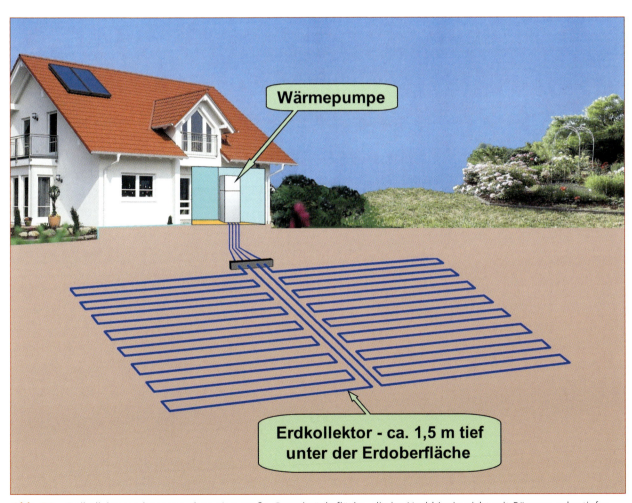

Abb. 54 – Erdkollektoren beanspruchen eine große Grundstücksfläche, die im Nachhinein nicht mit Bäumen oder tiefer wurzelnden Sträuchern bepflanzt werden darf

5.4 Wärmepumpen-Systeme mit Erdkollektoren

In dem Erdkollektor (üblicherweise aus HDPE-Kunststoff) zirkuliert als „Trägerflüssigkeit" meist Wasser, dem Frostschutzmittel beigemischt wurde. Diese Trägerflüssigkeit nimmt die Wärme aus dem Erdreich auf und leitet sie in die Wärmepumpe. Genutzt wird dabei die jeweilige Erdwärme, die durch Speicherung der Sonnenwärme, Wärmeübertragung aus der Luft und durch Niederschlag (warmer Regen) im Erdreich akkumuliert wird.

Es versteht sich von selbst, dass hier die Wärmeübertragung am besten während der warmen und am ungünstigsten in der kalten Jahreszeit stattfindet. Aus dieser Sicht dürfte sich so eine Anlage theoretisch besser zum Kühlen als zum Heizen eignen, denn ihre Leistung sinkt mit zunehmender Kälte der Außenluft. Diese Schwachstelle lässt sich zwar durch angemessene Vergrößerung des Kollektors (in die Breite oder in die Tiefe) einigermaßen kompensieren, aber das erhöht wiederum zu sehr die Errichtungskosten. Da ist es – trotz der hohen Strompreise – wesentlich kostengünstiger, wenn im Winter der elektrische Strom die Wärmeleistung der Wärmepumpe etwas kräftiger unterstützt. Wie aus dem Kostenvergleich nach *Abb. 55* hervorgeht, bieten bei dem heutigen Stand der Strom- und Ölpreise die Wärmepumpen mit Erdkollektor-Systemen keine unmittelbar Heizkosten senkende Lösung. Das könnte sich allerdings schnell ändern, wenn eines Tages das Heizöl zu teuer oder zu knapp wäre.

Alles im Leben hat bekanntlich seinen Preis. Das Schlimmste an dem „Preis" sind bei diesem System nicht nur die eigentlichen Errichtungskosten, sondern auch die beanspruchte Gartenfläche für den Erdkollektor. Seine Fläche sollte nämlich bevorzugt etwa doppelt so groß sein, wie die Gesamtfläche der im Haus beheizten Räume.

Bei einem erdgeschossigen Haus, das z. B. eine beheizte „Wohnfläche" von 150 m² hat, müsste somit die Fläche des Erdkollektors etwa 300 m² betragen. Zudem dürfen auf dieser Fläche keine Bäume oder Sträucher gepflanzt werden, deren Wurzeln den Erdkollektor beschädigen könnten. Gemüsebeete oder Blumenbeete sind in der Hinsicht

> ### Fazit
>
> Das eigentliche Prinzip der Erdwärmenutzung ist umweltfreundlich und technisch interessant, aber durch die sehr hohen Errichtungspreise ziemlich kostspielig. Wer ein solches Projekt in seine Planungsüberlegungen einbezieht, sollte alles sehr gut durchrechnen und an der Hand von unserem Kostenvergleichs-Beispiel aus *Abb. 55* eine eigene Kostenaufstellung mit aktuellen (und örtlichen) Preisvergleichen vornehmen.

harmlos. In die Blumenbeete sollte man jedoch keine Rosen pflanzen (die bilden oft zu tiefe Wurzeln). Eine aufwändige Gartenanlage sollte überhalb des Kollektors – sowie auch überhalb von seinen Zuleitungen – vermieden werden, um den Zugang zu allen Verbindungen im Kollektor bei eventuellen Reparaturarbeiten – bzw. bei der Suche nach einem Leck – nicht zu erschweren.

Ähnlich wie die Wärmepumpe mit Erdsonde, arbeitet auch dieses Heizungssystem mit niedrigeren Temperaturen und eignet sich da-

5.4 Wärmepumpen-Systeme mit Erdkollektoren

her bei vielen dieser Systeme bevorzugt nur für eine Fußbodenheizung – was jedoch typenbezogen unterschiedlich sein kann.

Für eventuelle Planungsüberlegungen treffen die meisten der Informationen zu, die bereits im Zusammenhang mit dem vorhergehenden Erdsonden-Konzept aufgeführt wurden. Allerdings ist bei dem Kollektoren-Wärmepumpensystem die Energieausbeute der Erdwärme etwas niedriger, als bei tiefen Erdsonden – was jedoch typen- und konzeptbezogen variiert. Die Errichtungskosten sind hier unter günstigen Umständen wesentlich niedriger, als bei den Erdsonden. Der Stromkosten-Anteil für das Nachwärmen des Heizungswassers kann dagegen etwas höher werden, als bei einem gut konzipierten Erdsonden-System.

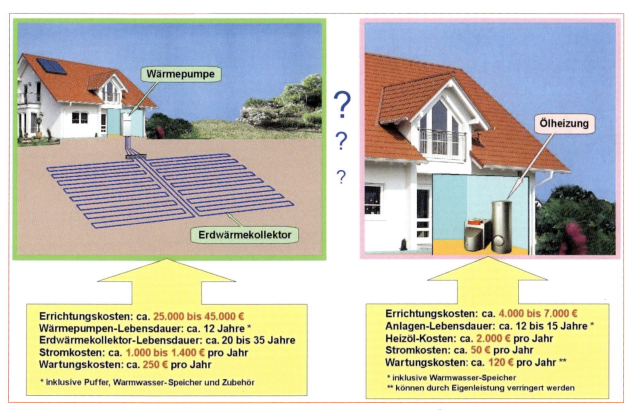

Abb. 55 – Kostenvergleichs-Beispiel eines Erdwärmekollektor-Heizsystems mit einem Öl-Heizsystem

5.5 System mit Luftwärmepumpen

Luftwärmepumpen entnehmen der Außenluft und der Abluft ihre Wärmeenergie und verwerten diese ungefähr auf dieselbe Art, wie in *Abb. 47* prinzipiell dargestellt und in dem damit zusammenhängenden Text erläutert wurde.

Das eigentliche Luftwärmepumpen-Gerät – oder sein *thermodynamischer Teil* – kann wahlweise innen oder außen aufgestellt werden.

Trotz aller Vorteile der tatsächlichen Umweltfreundlichkeit liegt die größte Schwachstelle dieses Systems darin, dass es ziemlich kräftig mit elektrischem Strom unterstützt werden muss. Das wäre an sich nicht so schlimm, wenn der elektrische Strom nicht so teuer wäre. So verbraucht die Stromversorgung und Nachheizung bei diesem Wärmepumpensystem bis zu ¾ der Kosten, die man z. B. bei den gegenwärtigen Strom- und Heizölpreisen alternativ bei einer Öl- oder Gasheizung jährlich an Brennstoff verheizt. Hier stimmen also die Proportionen nicht.

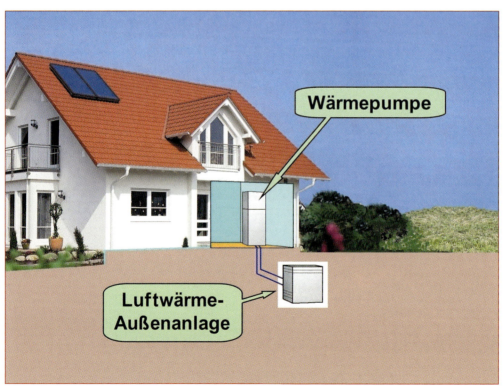

Abb. 56 – Eine Luftwärmepumpe macht sich die Wärmeenergie zu Nutze, die sie der Außenluft und der Abluft entnimmt

5.6 System mit Grundwasser-Nutzung

Wärmepumpen-Anlagen mit Grundwasser-Nutzung sind im Allgemeinem noch wenig bekannt. Es kann auch nicht an jedem Standort diese Art der „geothermischen Energie" gewonnen werden, denn diese Art der Grundwassernutzung erfordert eine wasserrechtliche behördliche Erlaubnis. Abgesehen davon bestehen in Hinsicht auf die Grundwasserbeschaffenheit auch technisch bedingte Einschränkungen der Nutzbarkeit: Bei aggressiven Wässern besteht die Gefahr einer unzumutbaren Anlagenkorrosion, bei Sauerstoff reduzierten Wässern mit hohem Eisen- und/oder Mangangehalt besteht die Gefahr der „Brunnenverlockerung" (Verschlammung) usw.

Grundwasser-Wärmepumpen-Anlagen weisen einen wirtschaftlichen Vorteil gegenüber Erdwärmesonden auf, da ihnen praktisch das ganze Jahr eine relativ hohe „Wärmequellentemperatur" des Grundwassers ziemlich konstant zur Verfügung steht. Daher verdient diese Art der Wärmegewinnung Vorrang vor einem Erdwärmesonden-System, wenn ein geeignetes Grundwasservorkommen vorhanden ist.

Die brauchbare Brunnenleistung hängt allerdings von dem standortbezogenen hydrogeologischen Gegebenheiten ab und muss

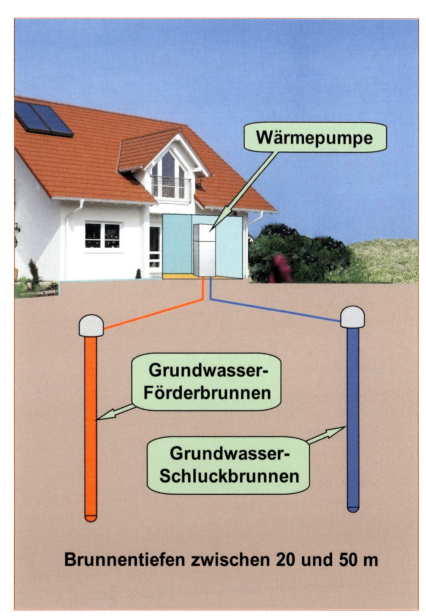

Abb. 57 – Das Grundwasser-Wärmepumpensystem benötigt zwei Brunnen, die im Untergrund in ausreichendem Abstand zueinander in „Grundwasserfließrichtung" liegen müssen

5.6 System mit Grundwasser-Nutzung

eine Dauerentnahme für den erforderlichen *Nenndurchfluss* der angewendeten Wärmepumpe gewährleisten. Für ein Einfamilienhaus mit einer vorgesehenen Heizleistung von ca. 15 kW ist eine *„Förderrate" (ein Nenndurchfluss)* von rund 1 Liter pro Sekunde ausreichend.

Die Aufgaben der in *Abb. 57* eingezeichneten zwei Brunnen sind unterschiedlich: Aus dem *Förderbrunnen* wird das Grundwasser, dessen Temperatur zwischen ca. 8 und 10 °C liegt, mittels einer Unterwasser-Pumpe in die *Grundwasser-Wärmepumpe* (im Haus) hineingepumpt. Nachdem hier das Grundwasser einen Teil seiner Wärme an das Heizsystem abgegeben hat, wird es in einem *Schluckbrunnen* entsorgt.

Vorteile:
- Geringer Flächenbedarf
- Geringe Energiekosten (bescheidener Stromverbrauch)

Nachteile:
- Hohe Anschaffungskosten
- Nur abhängig von hydrogeologischen Gegebenheiten realisierbar
- Erlaubnispflichtig gemäß WHG

Bemerkungen zu Ihren Planungsüberlegungen:
Bei allen hier beschriebenen Wärmepumpen-Systemen haben wir als greifbare Beispiele für eventuelle Planungsüberlegungen einige Preise aufgeführt, die Ihnen als Wegweiser behilflich sein können. Die Preisunterschiede sind jedoch bei allen Wärmepumpen-Systemen nicht nur „sehr groß" sondern quasi „grenzenlos". Wir haben uns zwar bei den Preisbeispielen an konkreten Kostenvoranschlägen gewerblicher Anbieter und an den aktuellen Heizstoff- und Energiepreisen orientiert, aber es würde fünfzig solcher Bücher füllen, wenn wir wirklich alle Kostenvarianten aufgelistet und erklärt hätten. Unsere Beispiele stellen dennoch Gerüste der Kostenberechnungen dar, in die Sie die jeweils aktuellen – und Anbieter bezogenen – Preise einbringen können.

Achten Sie bitte bei der Aufstellung der Kosten, die das eine oder andere Projekt mit sich bringen dürfte, unbedingt auch auf verschiedene zusätzliche Kosten. Geben Sie sich nicht mit mündlichen Kostenvoranschlägen zufrieden, denn rechtlich verbindlich sind nur schriftliche Kostenvoranschläge – obwohl auch hier der Gesetzgeber einen Spielraum für vertretbare Aufpreise einräumt.

5.6 System mit Grundwasser-Nutzung

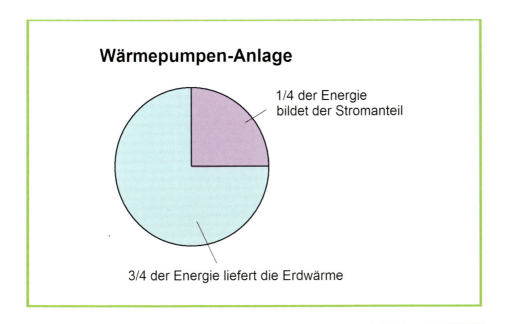

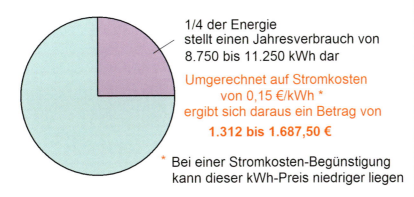

Abb. 58 – Ein Vergleich der nominalen Kosteneinsparung sollte während der Planungsüberlegungen immer vorgenommen werden

5.6 System mit Grundwasser-Nutzung

Wir selbst haben bei unseren Recherchen z. B. bei einem „etablierten Unternehmen" eine mündliche Information erhalten, dass uns die Bohrung und das Anbringen von zwei 100-Meter-tiefen-Erdsonden etwa **20.000,– €** kosten wird. Wir haben für diese Leistung einen schriftlichen Kostenvoranschlag vereinbart – und erhalten: Darin stand am Ende der Auflistungen einzelner Posten ein Betrag von stolzen **45.000,– €**. Einige der Posten sind zudem noch als „bauseitig zu erledigen" oder als „je nach Gegebenheiten" offen geblieben.

Dies war nicht die einzige „alarmierende" Erfahrung: wir haben „unsere Netze" etwas breiter ausgeworfen und u.a. auch bei anderen Interessenten bzw. bei Besitzern von bereits betriebenen Wärmepumpen-Anlagen ähnliche „Differenzen" feststellen können: Der ganze Spaß wird in der Praxis fast immer teurer, als im Planungsstadium angenommen wurde: Einige zusätzliche Kosten (z. B. für die Wiederherstellung des Grundstücks) werden außer Acht gelassen, Einiges an Aufwand unterschätzt, wobei sich der Bedarf an verschiedenen zusätzlichen Arbeiten erst während des Bauens ergibt usw.

Abgesehen davon beinhalten auch schriftliche Kostenvoranschläge einige Posten, bei denen der Preis als „je nach den Gegebenheiten" entweder gar nicht oder nur als ein Grundpreis „pro Meter" angegeben wird. Solche Posten können bei etwas Pech noch ziemlich viel Geld schlucken.

Es ist auch sehr wichtig, dass im Zusammenhang mit den eigentlichen Betriebskosten der Anlage auch die jeweiligen Strom- und Heizstoffpreise nicht nur *prozentuell* sondern auch *nominal* beachtet werden. Darunter ist Folgendes zu verstehen: wenn es z. B. heißt, dass bei einem Wärmepumpen-System der elektrische Strom **nur** ¼ der Energie aufbringen muss, sollten Sie sich – nach dem Beispiel in *Abb. 46* – genauer ansehen, was dieses „bescheidene Viertel" der Energie in Wirklichkeit kostet.

Die tatsächliche Kosteneinsparung kann nämlich im Vergleich mit einer herkömmlichen Öl- oder Gasheizung gar nicht so umwerfend groß sein, wie man annehmen könnte, denn was zählt, ist hier der Anteil der tatsächlichen Energiekosten. Da in unserem Lande der elektrische Strom sehr teuer ist, kostet das Heizen mit Strom fast dreimal mehr, als das Heizen mit Gas oder Heizöl. Damit erhöht sich der Stromkosten-Anteil bei einer Wärmepumpen-Heizungsanlage auf eine ziemlich hohe Summe, die von dem „Kuchen der bezogenen Energie" zwar nur ein „geometrisch" bescheidenes aber ein teures Viertel (manchmal allerdings etwas weniger oder auch etwas mehr) füllt. Jedenfalls können sich die teuren zusätzlichen Stromkosten ziemlich Spiel verderbend manifestieren. Eine solche Erfahrung sollte sicherlich nicht als eine unangenehme Überraschung erst dann gemacht werden, nachdem die Anlage ein Jahr lang betrieben wurde.

6   Solarelektrische (Fotovoltaik-) Anlagen

6 Solarelektrische (Fotovoltaik-) Anlagen

Solarelektrische (Fotovoltaik-) Anlagen kennen wir vor allem als Solar-Dachanlagen, die das Sonnenlicht in elektrischen Strom umwandeln. Ursprünglich waren solche Solaranlagen für die Stromversorgung bzw. zusätzliche Stromversorgung der eigenen Häuser gedacht und angewendet. Nachdem einige „erfindungsreiche" Politiker auf die Idee gekommen sind, dass die Hausbesitzer den selbst erzeugten Solarstrom in das öffentliche Netz für einen viel höheren Preis „gewinnbringend durchverkaufen" könnten, als sie für den Einkauf desselben Stroms zahlen müssen, war es mit der Selbstversorgung aus.

So wird gegenwärtig bis auf seltene Ausnahmen der in solchen Anlagen erzeugte Strom nicht – bzw. nicht mehr – für die eigene Hausversorgung verwendet, sondern nach *Abb. 60* voll in das öffentliche Netz über separate Stromzähler (Einspeisezähler) eingespeist.

Diese Art der Energie-Erzeugung fällt zwar bei einem solchen System prinzipiell aus den Rahmen der „Hausversorgung" mit alternativen Energien, aber nichts spricht dagegen, dass auf dieselbe Art und Weise die Stromversorgung des eigenen Hauses – oder eines anderen Objektes – vorgenommen wird. Man spricht dann über eine Solar-Inselanlage (Abb. 59), die vor allem bei Objekten angewendet wird, die über keinen Stromanschluss verfügen.

> **Hinweis**
>
> Sollte Sie über dieses Thema etwas mehr in Erfahrung bringen wollen, empfehlen wir Ihnen unsere zwei erfolgreichen Bücher „**Solar-Dachanlagen selbst planen und installieren**" und „**Wie nutze ich Solarenergie in Haus und Garten**" (beide von Bo Hanus / Franzis-Verlag).

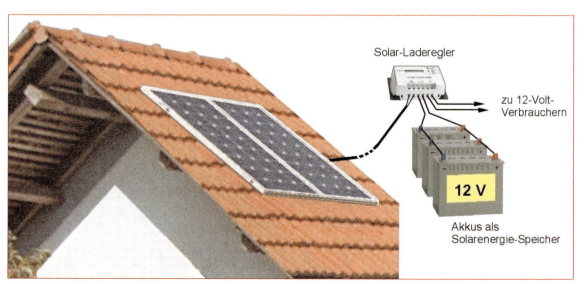

Abb. 59 – Bei netzunabhängigen Fotovoltaik-Anlagen (Inselanlagen) wird der Solarstrom über einen Solar-Laderegler in Akkus (meist in 12-Volt-Akkus) eingespeist und für den Betrieb von 12-Volt-Verbrauchern genutzt

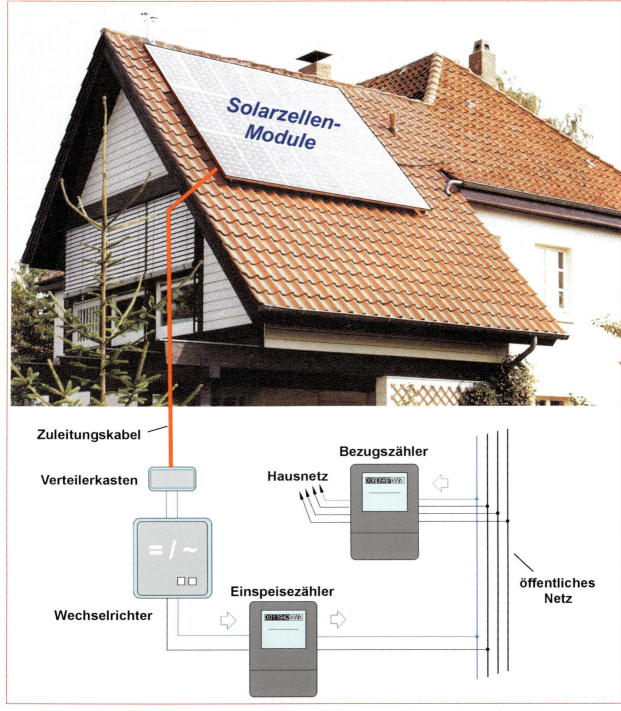

Abb. 60 – Solarzellen, die am Dach eines Hauses installiert sind, das über einen Netzanschluss verfügt, liefern gegenwärtig ihre elektrische Energie nicht mehr an „ihr" Haus, sondern speisen sie über separate „Einspeise-Stromzähler" in das öffentliche elektrische Netz ein

6 Solarelektrische (Fotovoltaik-) Anlagen

Es bleiben aber trotzdem noch diverse Anwendungsmöglichkeiten der Fotovoltaik übrig, die tatsächlich als Hausversorgung – bzw. als alternative Stromversorgung in Haus und Garten – angewendet und überwiegend im Selbstbau errichtet werden. Dabei kann die Versorgung mit Solarspannung auf drei Grundarten nach *Abb. 62* angewendet werden:

a) Direkte Spannungsversorgung vom Solarmodul
b) Spannungsversorgung über einen Akku
c) Spannungsversorgung mittels eines Spannungswandlers (Wechselrichters), der die niedrige Akku-Gleichspannung in 230-Volt-Wechselspannung (in normale Hausnetz-Spannung) umwandelt.

Die Lösung nach *Abb. 62a* eignet sich nur für eine Spannungsversorgung von z. B. Pumpen oder Ventilatoren, bei denen in Kauf genommen werden kann, dass sie nur dann laufen, wenn das Solarmodul von der Sonne ausreichend bestrahlt wird. So können z. B. Springbrunnenpumpen *(Abb. 63)*, Weiherbelüftungspumpen oder Ventilatoren auf diese Art betrieben werden, wenn nichts dagegen spricht, dass sie nur dann laufen, wenn die Sonne ausreichend stark scheint und dass sich ihre Leistung dem jeweiligen Angebot an elektrischer Energie anpasst.

Die letztere Formulierung ist erklärungsbedürftig: Eine Solarzelle oder ein Solarmodul (das sich aus mehreren Solarzellen zusammensetzt) liefert keine konstante Spannung und keine konstante Ausgangsleistung (Spannung x Strom). Solange die Solarzellen des Moduls nicht ausreichend von der Sonne bestrahlt werden, liefert das Modul nur eine sehr niedrige Spannung und eine ebenfalls sehr niedrige

Abb. 61 – Die Stromversorgung eines fernbedienten elektrischen Gartentores (Hoftores), in dessen Nähe kein Stromanschluss zur Verfügung steht, kann vorteilhaft eine netzunabhängige Mini-Solaranlage übernehmen (Foto: Conrad Electronic)

6 Solarelektrische (Fotovoltaik-) Anlagen

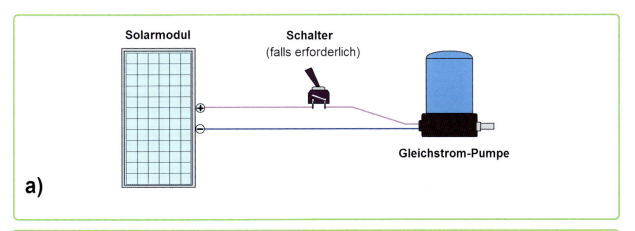

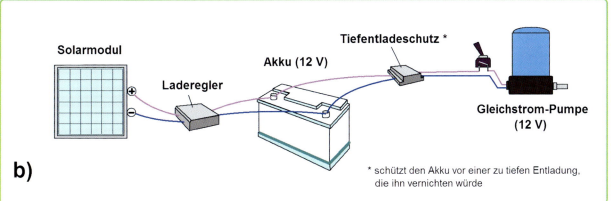

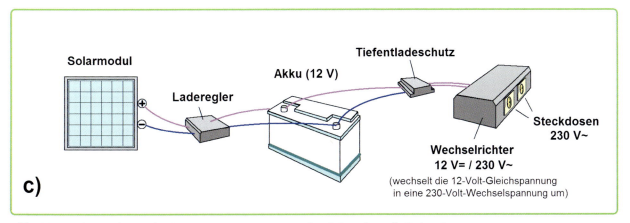

Abb. 62 – Drei Grundarten der Spannungsversorgung aus den Solarzellen: **a)** direkte Spannungsversorgung vom Solarmodul; **b)** Spannungsversorgung über einen Akku; **c)** Umwandlung der Gleichspannung mit Hilfe eines Spannungswandlers in eine „normale" 230-Volt~Netzspannung

6 Solarelektrische (Fotovoltaik-) Anlagen

Leistung. Am frühen Morgen, am Abend oder bei einem stärker bewölkten Himmel liefert ein Solarmodul zu wenig Energie, um einen Verbraucher „brauchbar" betreiben zu können.

Was man sich darunter konkret vorstellen dürfte, zeigt *Abb. 63*. Angenommen, der Elektromotor einer Springbrunnenpumpe ist theoretisch für eine 12-Volt-Gleichspannung ausgelegt und läuft nur dann auf volle Kraft, wenn er vom Solarmodul die volle 12-Volt-Spannung (und auch eine ausreichend hohe Leistung) erhält. Wird nun die Sonne von einer Wolke leicht bedeckt, sinkt die vom Solarmodul gelieferte Versorgungsspannung z. B. auf 9 Volt und die Pumpe läuft sichtbar schwächer *(Abb. 63b)*. Wird die Sonne zu einem größeren Teil von einer Wolke bedeckt, sinkt die Modul-Ausgangsspannung z. B. auf etwa 5 Volt herab und die Pumpe läuft nur noch sehr schwach *(Abb. 63c)* – vorausgesetzt, der Motor hört nicht bereits ganz zu Pumpen auf, wenn die Versorgungsspannung auf 5 Volt herabsinkt. In welchem Spannungsbereich so ein Motor zuverlässig – oder zumindest „brauchbar" – arbeitet, hängt sowohl von seiner Type als auch von seiner Belastung ab.

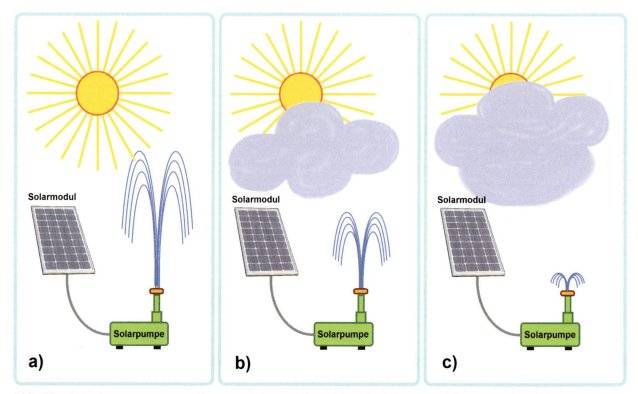

Abb. 63 – Springbrunnenpumpe am Solarmodul: Die jeweilige elektrische Leistung und Spannung eines jeden Solarmoduls hängt von der momentanen Sonnenbestrahlung ab

6.1 Direkte Solarstromversorgung eines Gleichstrom-Verbrauchers

Bei einem Direktantrieb muss das Solarmodul die vorgesehene Spannung und Leistung liefern können, die der Verbraucher (laut seiner technischen Daten) benötigt.

Eine Gleichstrom-Pumpe oder ein Gleichstrom-Ventilator sind bekanntlich für eine vom Hersteller vorgegebene **Versorgungsspannung** (von z. B. 17 Volt) und **Versorgungsleistung** (von z. B. 10 Watt) ausgelegt.

Soll z. B. eine 17 V/10 W-Solar-Springbrunnenpumpe nach *Abb. 64* direkt vom Solarmodul mit Energie versorgt werden, müsste das Solarmodul die 17-Volt-Spannung und *zumindest* auch die 10-Watt-Leistung unter optimalen Bedingungen **tatsächlich** liefern können.

Die Höhe der elektrischen Leistung, die ein Verbraucher bezieht, bestimmt er sozusagen selber: wenn er die Versorgungsspannung erhält, für die er ausgelegt ist, bezieht er (zumindest ungefähr) *nur* die Leistung, für die er ebenfalls ausgelegt ist. Die Pumpe aus unserem Beispiel *(Abb. 64)* wird daher nur ihre ca. 10 Watt Leistung vom Modul auch dann beziehen, wenn das Modul für eine Leistung von z. B. 30 Watt (oder mehr) vorgesehen ist.

Nebenbei: die Pumpenleistung setzt sich zusammen aus der Pumpen-Nennspannung (von 17 Volt) und dem Pumpen-Nennstrom von ca. 0,59 Ampere (17 V x 0,59 A = ca. 10 Watt).

Auf eine ähnliche Weise erfolgt bei einer solchen Lösung auch der Betrieb einer Weiher-Belüftungspumpe oder eines Gleichstrom-Ventilators – womit man sich jedoch unter Umständen zufrieden geben kann.

Und wenn nicht? Da hilft ein zusätzlicher Akku (worunter z. B. eine Autobatterie), die nach dem Beispiel aus *Abb. 65* vom Solarmodul nur geladen wird.

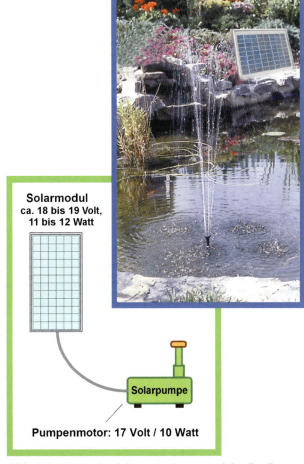

Abb. 64 – Ein optimal dimensioniertes Modul sollte (laut seiner technischen Daten) für eine um ca. 10% höhere **Nennspannung** und **Nennleistung** (max. Leistung) konzipiert sein, als der Verbraucher (in diesem Beispiel die Pumpe) theoretisch benötigt, um die internen Verluste im Modul abzufangen, die durch Erwärmen des Moduls entstehen

6.2 Solarstromversorgung über einen Akku

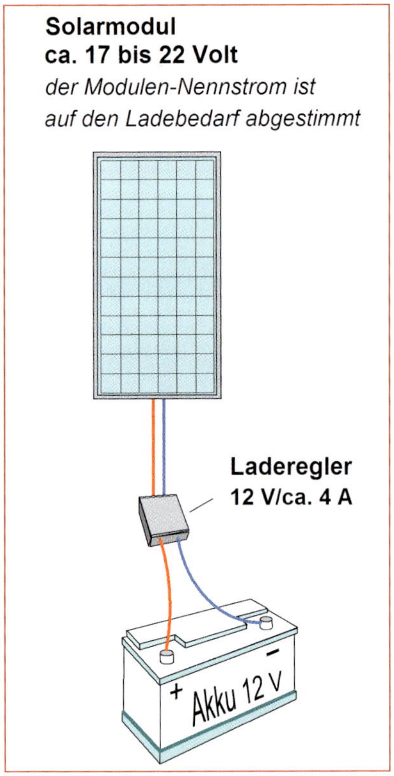

Bei den meisten selbstständig arbeitenden Solaranlagen (Inselanlagen) oder Solargeräten wird die Solarenergie in einem Akku – oder auch in mehreren Akkus, die miteinander verschaltet sind – gespeichert. Das Solarmodul liefert dann über einen zusätzlichen Laderegler nach *Abb. 54/55* den Ladestrom für den Akku.

In der Praxis gibt man sich bei kleineren Solaranlagen meist mit einem 12-Volt- oder 24-Volt-Akku (Autobatterie) zufrieden. Für diese zwei Gleichspannungen gibt es eine große Auswahl an verschiedensten elektrischen Verbrauchern (Leuchten, Fernseher, Staubsauger, Wasserkocher, Kühlschränke, Heizdecken usw.), die teilweise auch für Autobesitzer vorgesehen sind. Es gibt aber auch spezielle Solar-Leuchten, Solar-Kühlschränke und andere Solar-Produkte, die meist als Energie sparende 12-Volt-Verbraucher ausgelegt sind.

Abb. 65 – Bei einer selbstständig arbeitenden Solaranlage lädt das Solarmodul über einen zusätzlichen **Laderegler** den Akku immer nur dann nach, wenn die Sonne scheint

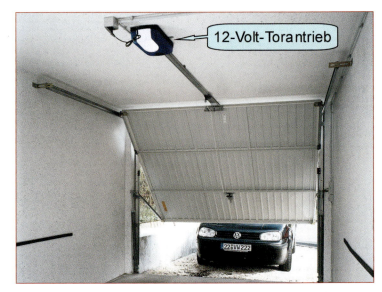

Abb. 67 – Ein kleines Solarmodul am Garagendach oder an der Garagenwand und eine kleine 60-Ah-Autobatterie genügen, um eine etwas abgelegene Garage mit Strom für den elektrischen Torantrieb und eine gelegentliche Beleuchtung zu versorgen: für Solarstromversorgung gibt es elektrische Garagentorantriebe, die für eine 12-Volt-Gleichspannung ausgelegt sind

Abb. 66 – Ausführungsbeispiel eines kleinen Solar-Laderegler (Foto: Conrad Electronic)

6.2 Solarstromversorgung über einen Akku

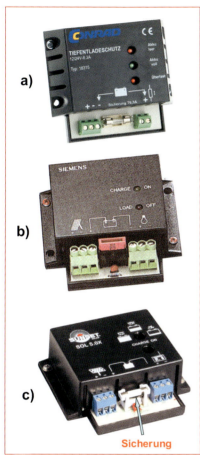

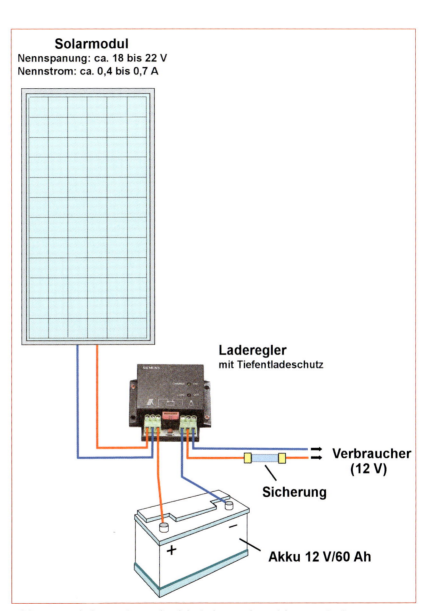

Abb. 68 – a) Ausführungsbeispiel eines kleinen Tiefentladeschutz-Gerätes; **b)** Ausführungsbeispiel eines Ladereglers, in dem auch ein Tiefentladeschutz integriert ist; **c)** sehr praktisch ist es, wenn der Tiefentladeschutz neben einem Laderegler auch noch über eine Sicherung verfügt, über die der Verbraucher angeschlossen werden kann (Fotos: a),c) Conrad Electronic; b) Siemens)

Abb. 69 – Schaltung einer solarelektrischen Ladevorrichtung mit einem Laderegler, nach *Abb. 68b/c*

6.2 Solarstromversorgung über einen Akku

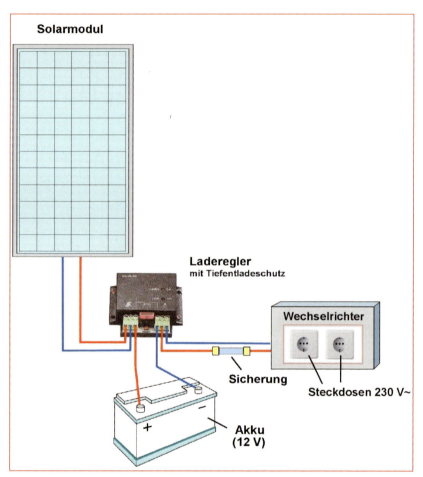

Abb. 71 – Wechselrichter für Solaranlagen sind in verschiedenen Leistungsklassen erhältlich (Foto: Conrad Electronic)

Abb. 70 – Normale 230-Volt-Netzgeräte können bei Bedarf von einem Akku aus über einen Wechselrichter betrieben werden, dessen Leistung auf den vorgesehenen Leistungsbedarf abgestimmt ist

Bei einer Solarstromversorgung sollten die Verbraucher jedoch nicht direkt, sondern über ein **Tiefentladeschutz-Gerät** angeschlossen werden. Der Tiefentladeschutz ist wahlweise als ein selbstständiges Gerät *(Abb. 68a)* erhältlich, oder direkt in dem Gehäuse des Ladereglers untergebracht und bildet mit ihm eine Einheit *(Abb. 68b/c)*. Ein solcher **Laderegler** ist dann mit 3 x 2 Anschlussklemmen versehen, an die nach *Abb. 69* das Solarmodul, der Akku und die Verbraucher (bevorzugt über zusätzliche kleine Sicherungen) angeschlossen werden.

Ein **Tiefentladeschutz** schützt einen Bleiakku davor, dass er nicht zu tief entladen wird, denn eine Entladung von mehr als ca. 15% unterhalb der offiziellen Nennspannung vernichtet den Akku (die Tiefentlade-Schwelle variiert etwas typenbezogen). Die Funktion eines Tiefentladeschutz-Gerätes ist einfach: sobald z. B. die Spannung eines 12-Volt-Akkus unterhalb von ca. 10,5 Volt sinkt, schaltet der Tiefentladeschutz die angeschlossenen Verbraucher einfach von dem Akku ab und schaltet sie erst dann wieder ein, wenn der Akku auf eine Spannung von z. B. 11,5 Volt nachgeladen wird.

6.2 Solarstromversorgung über einen Akku

Die technischen Daten der Solarzellen und Solarmodule beziehen sich auf folgende „internationale Standard-Testbedingungen":

Sonneneinstrahlung [E]: 100 W/m²
Spektralverteilung [AM]: 1,5
Zellentemperatur [Tc]: 25 °C

Die Definition der Sonneneinstrahlung und der Spektralverteilung bezieht sich eigentlich nur darauf, dass der Sonnenschein kräftig sein muss (= sonniger Tag um die Mittagsstunden) und dass die Sonnenstrahlen (die Fotonen) die Zellenfläche senkrecht bombardieren müssen. Einen Pferdefuß beinhaltet die vorgegebene Zellentemperatur von 25 °C, denn die Leistung der Silizium-Solarzellen sinkt ziemlich stark mit zunehmender Temperatur. Steigt z. B. die Zellentemperatur eines voll belasteten Solarmoduls auf +55 °C – was während der warmen Jahreszeit leicht geschieht, sinkt seine Ausgangsleistung um bis ca. 15%.

Eine voll belastete Solarzelle wird in der Praxis zu einer „Kochplatte", was einerseits die heißen Sonnenstrahlen, anderseits das interne Aufwärmen der belasteten Solarzellen verursachen. Dies hat zur Folge, dass die Zellentemperatur eines belasteten Solarmoduls in der warmen Jahreszeit, während der seine Zellen von der Sonne am kräftigsten bestrahlt werden, eigentlich verhindert, dass das Solarmodul die vorgesehene Leistung erbringt. Es sei denn, das Modul wird künstlich gekühlt.

Fazit

Bei der Wahl eines „passenden" Solarmoduls sollten von der in seinen technischen Daten angegebenen Nennspannung und Nennleistung zumindest 10 % bis 15 % abgezogen werden. Wird z. B. eine tatsächliche Modul-Ausgangsspannung von 18 Volt (bei voller Belastung) erwünscht, müsste die theoretische Modul-Nennspannung ca. 19,8 bis 20,7 Volt betragen.

Die wichtigsten technischen Daten eines Solarmoduls

Die drei wichtigsten technischen Daten eines Solarmoduls sind:

Nennspannung in Volt [**V**]
Nennstrom in Ampere [**A**]
Maximale Leistung in Watt [**W**]

Diese drei Daten stehen zueinander in demselben Verhältnis, wie z. B. die *Breite*, die *Länge* und die Fläche eines Fußbodens:

Breite x **Länge** = **Fläche**
bzw. **Spannung x Strom = Leistung**

Das ist gut zu wissen und man kann es sich auf diese Weise leicht merken.

6.3 Wahl des richtigen Solarmoduls

Den wichtigsten Ausgangspunkt bildet hier die **Modul-Nennspannung**. Ein Akku kann von dem Modul nur dann geladen werden, wenn die **Ladespannung** höher ist, als die jeweilige Spannung des Akkus. Zudem kann er nur dann „ausreichend kräftig" geladen werden, wenn die Ladespannung wesentlich höher ist, als die jeweilige Akku-Spannung. Was darunter zu verstehen ist, zeigt *Abb. 72*, in der das Laden an Beispielen mit Gefäßen erläutert wird.

Die Qualität des solarelektrischen Ladens hängt leider von den Launen der Natur ab, denn die benötigte Ladespannung und den wünschenswerten Ladestrom liefert das Solarmodul nur an sonnigen Tagen. Dabei kommt es noch darauf an, ob der Himmel nur schwach

Von der Kapazität des Akkus und von dem vorgesehenen Energiebedarf hängt die „Größe" des benötigten Solarmoduls ab. Die Abmessungen eines Moduls werden durch die vorgesehene Leistung bestimmt. Diese **Modul-Leistung** setzt sich aus der **Modul-Nennspannung** und dem **Modul-Nennstrom** zusammen.

Eine etwas großzügiger gewählte Nennspannung des Solarmoduls verteuert zwar die Errichtungskosten, ermöglicht aber ein häufigeres und besseres Nachladen des Akkus auch während etwas ungünstigeren Wetterbedingungen.

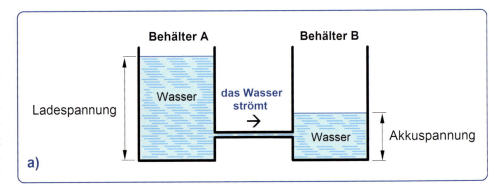

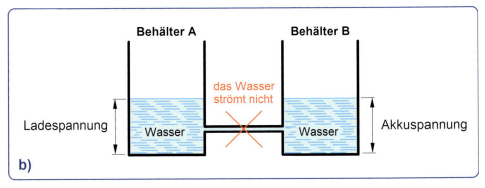

Abb. 72 – Nur wenn die Ladespannung höher ist, als die momentane Spannung des Akkus, wird der Akku geladen – andernfalls fließt in den Akku kein Ladestrom

6.3 Wahl des richtigen Solarmoduls

oder ziemlich stark bewölkt ist, unter welchem Winkel das Solarmodul – abhängig von der Tageszeit – von der „vorbeiziehenden" Sonne bestrahlt wird und ob man auch während der kälteren Jahreszeit die Anlage nutzen möchte.

Gibt man sich damit zufrieden, dass eine Solaranlage nur während der wärmeren Jahreszeit gut funktionieren soll – was z. B. für eine Gartenlaube genügt – dann darf man etwas sparsamer dimensionieren als bei einer Anlage, die auch während der Wintermonate keine „Schwächenanfälle" aufweisen sollte. Der Stellenwert einer optimalen Funktion hängt jedoch stark von den jeweiligen Gegebenheiten und „kalkulierbaren Risiken" ab. So kann z. B. eine Solarversorgung einer Garage, die beispielsweise 50 Meter entfernt vom Haus liegt, etwas nonchalanter ausgelegt werden, wenn notfalls z. B. einmal im Jahr der Anlagen-Akku aus dem Netz im Haus nachgeladen werden kann bzw. werden muss.

Das eigentliche Prinzip ist sehr einfach: Was dem Akku innerhalb von z. B. drei oder vier Wochen an elektrischer Energie entnommen wird, sollte entweder innerhalb dieser Zeitspanne oder kurz davor bzw. kurz danach vom Solarmodul nachgeladen werden.

Für die richtige Wahl der Akku-Kapazität ist der vorgesehene Strombedarf der betriebenen Verbraucher bestimmend, der vom Hersteller entweder direkt in Ampere angegeben wird, oder den man sich aus der Leistung des Verbrauchers (in Watt) nach der Formel:

Strom (in Ampere) =
Leistung (in Watt) : **Spannung** (in Volt)

selbst ausrechnen kann.

Beispiel

Die Leistung eines 12-Volt-Fernsehers ist mit 30 Watt angegeben.

30 Watt : 12 Volt = 2,5 Ampere. Möchten wir diesen Fernseher z. B. achtmal im Monat jeweils zwei Stunden lang betreiben, ergibt es einen Amperestunden-Verbrauch von 16 Ah (8 x 2 Stunden = 16 Amperestunden). Entnehmen wir diese 16 Ah einem 40 Ah-Akku, wird seine Restkapazität theoretisch nur noch 24 Ah betragen.

Die entnommenen 16 Ah müssten im Idealfall vom Solarmodul innerhalb der 3 Wochen wieder nachgeladen werden. Da beim Laden Verluste von ca. 20% entstehen, müsste das Solarmodul (bzw. sein Laderegler) dem Akku etwa 19,2 Ah „nachliefern" können.

6.4 Der optimale Ladestrom

Das Nachladen eines Akkus verläuft nach demselben Prinzip, wie das Einlassen einer Badewanne: Dreht man da den Wasserhahn voll auf, ist sie innerhalb von ca. 15 Minuten voll, dreht man ihn nur weniger auf, dauert es länger, bis die Badewanne voll ist.

In dem vorhergehenden Beispiel haben wir ausgerechnet, dass der Akku 19,2 Amperestunden (Ah) zum vollen Nachladen benötigt. Wir runden diesen theoretischen Bedarf auf 20 Ah auf, um weitere Berechnungen übersichtlicher halten zu können. Nach dem Beispiel mit der Badewanne können wir den Akku wahlweise mit einem kräftigen oder auch nur mit einem sehr schwachen Strom nach Abb. 73 nachladen. Der Ladestrom eines Blei-Akkus darf bei solchem Laden nicht 10 % der Akku-Kapazität überschreiten: Das wären bei einem 40 Ah-Akku maximal 4 Ampere, bei einem 60 Ah-Akku maximal 6 Ampere usw. Einen so hohen Ladestrom brauchen wir aber gar nicht, denn das würde das Solarmodul unnötig verteuern. Abgesehen davon können wir uns für das Nachladen oft längere Zeitspannen einplanen.

Jetzt kommt das persönliche Ermessen ins Spiel: Angenommen, die Solaranlage ist z. B. für ein Schrebergartenhaus vorgesehen, und wird nur etwa von März bis Oktober benötigt. Während dieser Jahreszeit kann im Durchschnitt mit mindestens etwa 3 „brauchbar sonnigen" Tagen pro Woche gerechnet werden, an denen das Solarmodul etwa 7 Stunden pro Tag „mehr oder weniger" den Akku nachladen wird. Die Formulierung „mehr oder weniger" ist sehr ungenau. Wir behelfen uns mit der Annahme, dass das Solarmodul wetterbedingt im Durchschnitt ungefähr nur die Hälfte seines Nennstromes als Ladestrom liefern wird. Jetzt machen wir eine Aufstellung:

- 3 Tage pro Woche = 9 Tage in drei Wochen.
- 7 Ladestunden Stunden pro sonnigen Tag, aber nur mit einem Ladestrom, der etwa bei der Hälfte des Modul-Nennstroms liegt.
- 9 Tage mal 7 Ladestunden = 63 Ladestunden
- Wir wollen 20 Ah nachladen
- 20 Ah : 63 Ladestunden = 0,317 Ampere Ladestrom
- Da das Solarmodul durchschnittlich nur „auf halbe Flamme" laufen wird, sollte es für einen doppelt so hohen Nennstrom als die berechneten 0,317 A ausgelegt sein. Das wären ca. 0,64 Ampere.

Und wie geht's weiter? Optimal wäre für dieses Vorhaben ein Solarmodul mit einer Nennspannung von **18 bis 19 Volt** und einen Nennstrom von ca. **0,64 Ampere.** Das ist aber nur Theorie. In der Praxis würden wir erstens einen Akku mit einer etwas größeren Kapazität – von z. B. 60 Ah anwenden. Das Nachladen könnte somit etwas „in die Breite" gezogen werden und wir dürften darauf spekulieren, dass es innerhalb von z. B. sechs nacheinander folgenden Wochen etliche Tage mit einem kräftigeren Sonnenschein geben wird, an denen das Solarmodul einen höheren Ladestrom liefert. In dem Fall dürften wir uns mit einem 10-Volt-Solarmodul zufrieden geben, dessen Nennstrom nur etwa **0,4 Ampere** beträgt, da sich die „Trefferquote" durch eine längere Zeitspanne erfahrungsgemäß erhöht. Der tatsächliche Ladestrom wird allerdings nur dann die vollen 0,4 Ampere erreichen, wenn das Solarmodul ausreichend stark und ausreichend senkrecht von den Sonnenstrahlen beschossen wird – was auch an einem sonnigen Tag nur rund um die Mittagszeit geschieht. So wird z. B. am frühen Morgen, am späten Nachmittag oder bei einem leicht bewölkten Himmel der vom Solarmodul gelieferte Ausgangsstrom (Ladestrom) mit zunehmender Sonnenbestrahlung steigen und mit abnehmender Sonnenbestrahlung sinken. Der Solar-Ladestrom wird dabei selbstverständlich auch vorübergehende Schwankungen oder Unterbrechungen verzeichnen, wenn am Himmel kleinere Wolken ziehen, die das Solarmodul beschatten.

6.4 Der optimale Ladestrom

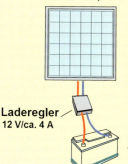

Solarmodul ca. 17 V/0,4 A: benötigt ca. 3 Stunden lang volle Sonnenbestrahlung, um den Akku um 1 Ah auf- oder nachzuladen. Die zu niedrige Modulen-Nennspannung schränkt das optimale Nachladen nur auf Zeitspannen ein, während denen die Sonne kräftiger scheint.

Laderegler 12 V/ca. 4 A
Akku 12 V

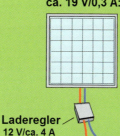

Solarmodul ca. 19 V/0,3 A: benötigt zwar ca. 4 Stunden lang volle Sonnenbestrahlung, um den Akku um 1 Ah auf- oder nachzuladen, aber durch die höhere Modulen-Nennspannung lädt das Modul auch bei leicht bewölktem Himmel den Akku etwas nach, wodurch der Nachteil des niedrigen Nennstroms kompensiert wird.

Laderegler 12 V/ca. 4 A
Akku 12 V

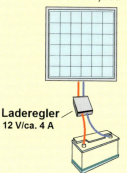

Solarmodul ca. 17 V/0,6 A: benötigt ca. 3 Stunden lang volle Sonnenbestrahlung, um den Akku um 1 Ah auf- oder nachzuladen. Die zu niedrige Modulen-Nennspannung schränkt das optimale Nachladen nur auf Zeitspannen ein, während denen die Sonne kräftiger scheint.

Laderegler 12 V/ca. 4 A
Akku 12 V

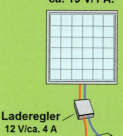

Solarmodul ca. 19 V/1 A: benötigt ca. 1,2 Stunden lang volle Sonnenbestrahlung, um den Akku um 1 Ah auf- oder nachzuladen, aber durch die höhere Modulen-Nennspannung lädt das Modul auch bei leicht bewölktem Himmel den Akku etwas nach.

Laderegler 12 V/ca. 4 A
Akku 12 V

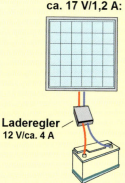

Solarmodul ca. 17 V/1,2 A: benötigt ca. 1 Stunde lang volle Sonnenbestrahlung, um den Akku um 1 Ah auf- oder nachzuladen. Die zu niedrige Modulen-Nennspannung schränkt das optimale Nachladen ebenfalls nur auf Zeitspannen ein, während denen die Sonne kräftiger scheint.

Laderegler 12 V/ca. 4 A
Akku 12 V

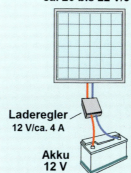

Solarmodul ca. 20 bis 22 V/3 A: benötigt nur ca. 0,4 Stunde lang volle Sonnenbestrahlung, um den Akku um 1 Ah auf- oder nachzuladen, aber durch die hohe Modulen-Nennspannung lädt das Modul auch bei leicht bewölktem Himmel den Akku stärker nach. Die hier aufgeführte hohe Nennspannung des Moduls verteuert zwar die Errichtung, ist aber für Anlagen empfehlenswert, die auch während der Wintermonate intakt funktionieren sollen.

Laderegler 12 V/ca. 4 A
Akku 12 V

Abb. 73 – Der Ladestrom bleibt eine Sache des individuellen Ermessens, das sich jedoch an den Spenden der Natur vernünftig orientieren sollte...

6.5 Verschaltung von mehreren Solarmodulen

Die Nennspannungen und Leistungen seiner Solarmodule bestimmt jeder Hersteller nach seinem eigenen Ermessen. Das Solarmodul-Angebot ist zwar ziemlich breit, aber in der Praxis findet man nur selten gerade das passende Modul mit den erwünschten Parametern. Die einfachste Abhilfe bietet dann eine Reihenschaltung von mehreren Modulen nach *Abb. 74* bzw. eine Lösung nach *Abb. 75/76*. Solche Kombinationen von mehreren Solarmodulen ermöglichen eine optimale Anpassung des „Solargenerators" auf die gewünschte Spannung und auf den erforderlichen Ladestrom.

Die meisten der handelsüblichen Solarmodule sind für eine zu niedrige Nennspannung ausgelegt und eignen sich somit nur wenig für das Nachladen eines Akkus während der kälteren Jahreszeit: Wenn sie Wetter bedingt z. B. eine um 1/3 niedrigere Ladespannung an den Laderegler liefern, wird der Akku gar nicht ge-

Mehr zu diesem Thema erfahren Sie aus dem Buch „**Wie nutze ich Solarenergie in Haus und Garten?**" (ebenfalls von Bo Hanus/Franzis Verlag).

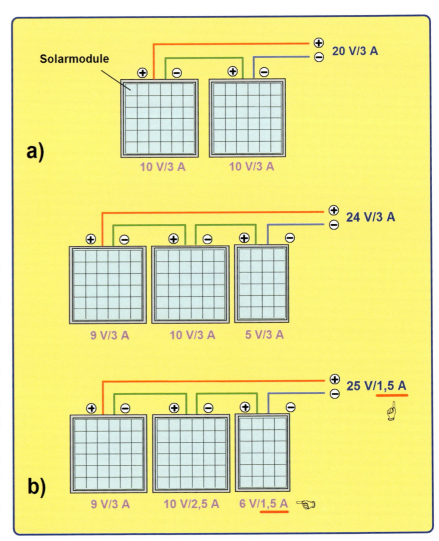

Abb. 74 – Solarmodule können – ähnlich wie Batterien – in Reihe (seriell) verschaltet werden, wenn eine höhere Ausgangsspannung benötigt wird, als ein einziges handelsübliches Modul aufbringen kann: **a)** In Reihe geschaltete Module sollten bevorzugt mit denselben Solarzellen (derselben Type und Marke) bestückt werden, dürfen jedoch für unterschiedliche Nennspannungen ausgelegt sein; **b)** Werden zwei oder mehrere Solarmodule in Reihe geschaltet, deren „Nennstrom" unterschiedlich ist, wird das Modul mit dem niedrigsten Nennstrom den Ausgangs-Nennstrom bestimmen.

6.5 Verschaltung von mehreren Solarmodulen

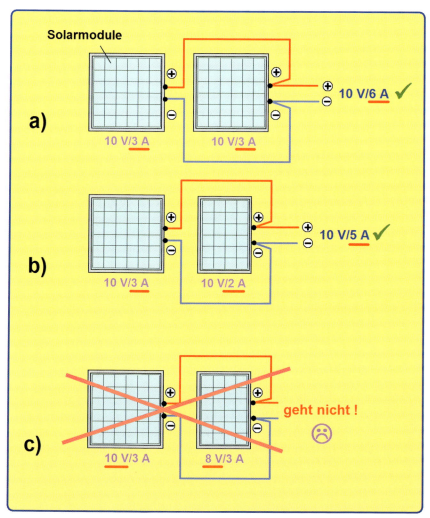

Abb. 75 – a) Der Strom und die Leistung von zwei parallel geschalteten Solarmodulen addiert sich nur dann perfekt, wenn beide Module von derselben Type sind und dieselben technischen Parameter aufweisen; **b)** werden zwei – oder auch mehrere Module – derselben Type, mit derselben *Nennspannung* aber mit unterschiedlichem *Nennstrom* parallel geschaltet, addieren sich die Nennströme einzelner Module; **c)** Module mit unterschiedlicher Nennspannung dürfen nicht parallel miteinander geschaltet werden.

laden. Die Ladespannung muss grundsätzlich höher sein, als die jeweilige Spannung des nachgeladenen Akkus, ansonsten läuft da gar nichts. Mit Hilfe von zusätzlichen kleinen und preiswerten Solarmodulen, die an das große Solarmodul nach *Abb. 76* in Reihe angeschlossen werden können, lässt sich die an den Laderegler gelieferte Solarspannung erhöhen – was auch an einer bereits installierten Anlage im Nachhinein gemacht werden kann.

An dieser Stelle wäre noch darauf hinzuweisen, dass eine *netzunabhängige* Fotovoltaik-Anlage eine ausreichend kontinuierliche Stromversorgung im „Alleingang" nur bei kleineren Objekten bewältigen kann, bei denen der Energieverbrauch gering ist bzw. bei denen Stromversorgungs-Lücken in Kauf genommen werden. Andernfalls lassen sich wetterbedingte „Durststrecken" nur mit Hilfe zusätzlicher Generatoren – worunter Wind- oder Hydrogeneratoren, Dieselaggregate u. ä. – überbrücken.

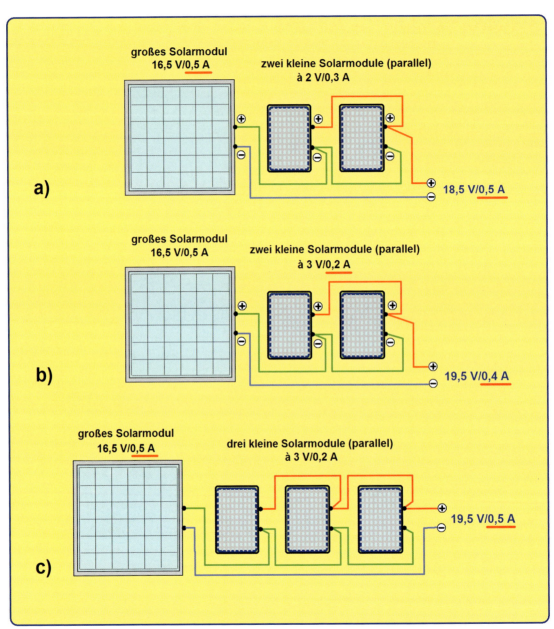

Abb. 76 – Eine seriell/parallele Modul-Verschaltung wird auch bei kleineren Solaranlagen angewendet, wenn z. B. die Ausgangsspannung eines größeren Solarmoduls durch Anreihen von zwei oder drei zusätzlichen Kleinmodulen erhöht werden soll: **a)** die zwei kleinen zusätzlichen Module sollten unbedingt baugleich sein und die Summe ihrer offiziellen Nennströme sollte mindestens so hoch sein, wie der Nennstrom des großen Moduls; **b)** Ist der Nennstrom der zwei kleinen zusätzlichen Modulen niedriger, als der Nennstrom des großen Moduls, bestimmen diese kleinen Module den maximalen Ausgangsstrom; **c)** auch für drei zusätzliche Kleinmodule in Parallelschaltung gilt, dass die Summe ihrer Nennströme nicht niedriger (wohl aber höher) sein darf, als der Nennstrom des großen Moduls.

7 Der Wind ist auch noch da...

7 Der Wind ist auch noch da...

Ein kleiner Windgenerator kann in einem Gebiet, in dem häufig stärkerer Wind aufkommt und bei Objekten, die über keinen Netzanschluss verfügen, als zusätzliche Stromquelle eine Fotovoltaik-Anlage unterstützen.

Eine solche Lösung ist vor allem für einen Tüftler oder Techniker attraktiv, der imstande ist, die ganze Anlage selber zu errichten oder sogar einen kleinen Windgenerator im Selbstbau zu erstellen. Je nach dem, wie es an dem vorgesehenen Standort mit dem Windaufkommen aussieht, kann so ein Windgenerator wahlweise als „Schnellläufer" oder als „Langsamläufer" ausgelegt werden und parallel zu einer Fotovoltaikanlage eine gemeinsame Speicher-Batterie laden.

Als „Schnellläufer" werden Propeller-Windgeneratoren *(Abb. 77)* bezeichnet, die für ein höheres Windaufkommen ausgelegt sind, wie man es z. B. im Flachland in der Nähe des Meeres findet. Windgeneratoren, die in die Kategorie der Langsamläufer gehören, sind dagegen für Gegenden vorgesehen, in denen die häufig vorkommende Windstärke nur relativ bescheiden ist. Zu den bekanntesten Langsamläufern gehört z. B. das sogenannte Savonius-Windrad *(Abb. 78)*, das ziemlich große „Wind abfangende" Flächen hat und somit auch bei weniger Wind einen Strom erzeugenden Generator antreiben kann.

Ein Windgenerator besteht aus einem Windrad und einem elektrischen Generator. Einen kleinen stromerzeugenden Generator kennt fast jeder: es ist der sogenannte Fahrraddynamo. Dieser Generator ist zwar im technischen Sinn kein Dynamo, sondern ein Alternator, denn er erzeugt für die Fahrradbeleuchtung eine Wechselspannung. Ein Dynamo erzeugt dagegen eine Gleichspannung. Das hat ursprünglich der Fahrrad-Dynamo auch getan, aber die Technik änderte sich, und der Name ist geblieben – was jedoch den Radfahrern kaum schlaflose Nächte bereiten dürfte.

Als Fertigprodukte sind kleine Windgeneratoren erhältlich, die man einfach auf dieselbe Weise wie ein Solarmodul behandeln, nach *Abb. 79 a/b* anschließen und zum Laden eines Akkus verwenden kann. Bei der Lösung nach *Abb. 79a* ist darauf zu achten, dass die Summe der Nennströme beider „Generatoren" (des Solarmoduls und des Windgenerators) den max. zulässigen Strom des gemeinsamen Ladereglers nicht überschreitet. Bei Anwendung von zwei unabhängigen Ladereglern nach *Abb. 79b* muss allerdings jeder Lade-

Abb. 77 – Ein „Propeller-Windgenerator" (Schnellläufer) eignet sich nur für Gebiete mit hohen Windstärken: zwei Ausführungsbeispiele von kleinen handelsüblichen Windgeneratoren (Fotos: Conrad Electronic)

7   Der Wind ist auch noch da...

Abb. 78 – Ausführungsbeispiel einer Fotovoltaik-Anlage, kombiniert mit einem Savonius-Windgenerator (oben Mitte)

Mehr zu diesem Thema erfahren Sie aus dem Buch **„Wie nutze ich Windenergie in Haus und Garten?"** (ebenfalls von Bo Hanus/ Franzis Verlag).

regler auf den Strom „seines" Generators abgestimmt sein. Die Spannungsunterschiede der zwei Energiequellen müssen mit Hilfe der eingezeichneten Schottky-Dioden gegeneinander blockiert werden.

In Rahmen unserer Buchthemen findet die Anwendung eines kleinen Windgenerators nur einen bescheidenen Spielraum (z. B. als Stromversorgung eines kleinen Sommer- oder Schrebergarten-Häuschens). Dabei sollte der Errichter einer solchen „alternativen Energiequelle" nicht die Tatsache außer Acht lassen, dass auch kleine Windgeneratoren ziemlich viel Lärm erzeugen können, den man in einem bewohnten Gebiet den Nachbarn nicht unbedingt zumuten sollte.

Das gilt natürlich auch für die Errichtung und Aufstellung von großen Windgeneratoren, die an so manchem Standort den Anwohnern jegliche Lust auf diese Art der umweltfreundlichen Energieerzeugung genommen haben.

Es ist nicht so lange her, da hat man die Errichtung von Windgeneratoren und Windparks mit verlockenden Subventionen „ohne Rücksicht auf Verluste" unterstützt. Inzwischen haben sich die riesigen Windgeneratoren in vielen windärmeren Gebieten zu ausgesprochenen Flops gemausert. Wenn es z. B. in Franken überhaupt einen Wind gibt, reicht die Windstärke oft gerade nur dazu aus, dass die Flügel der Windgeneratoren „sichtbar" drehen, aber keine „einspeisefähige" Spannung liefern.

Nebenbei: auch die Windparks, die in Deutschland, Holland oder Dänemark im Meer stehen und deren Windgeneratoren ausreichend viel Wind erhalten, erzeugen den elektrischen Strom viel zu teuer. Auch die Frage der Umweltfreundlichkeit ist hier sehr revisionsbedürftig. Es hört sich zwar schön an, wenn man nur die reine kostenlose Windenergie als eine der saubersten Energiequellen hervorhebt. Aber leider wird auch hier für die Herstellung, den Aufbau, den Netzanschluss und die Wartung eines Windgenerators oft annähernd genau so viel Energie verbraucht, wie der Windgenerator während seines ganzen Daseins liefern kann. Das ist leider der Nachteil unserer hohen Lohnkosten und aller der enormen Kosten, die mit solchen Projekten zusammenhängen. Dabei wird viel zu nonchalant mit Subventionen jongliert, die aus Steuergeldern fließen, die prinzipiell ebenfalls zu großem Teil um den Preis einer „Umweltverschmutzung" erwirtschaftet wurden.

7   Der Wind ist auch noch da...

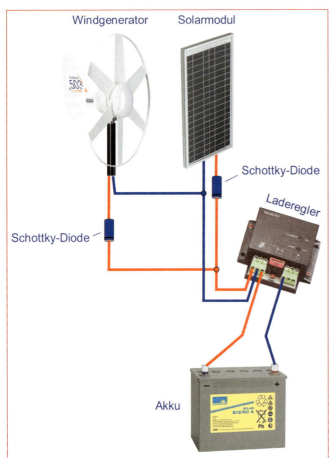
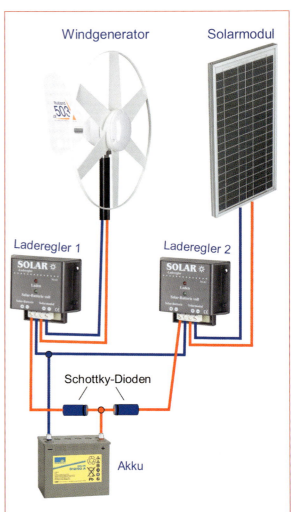

Abb. 79 – Ein kleiner Windgenerator kann sich das Laden eines Akkus – bzw. auch von mehreren miteinander verbundenen Akkus – partnerschaftlich teilen: **a)** Laden des Akkus über einen gemeinsamen Laderegler; **b)** Laden des Akkus über zwei separate Laderegler und einen ausgangsseitig angeschlossenen Tiefentladeschutz

8 Private Kleinwasser-Kraftwerke

Kleine Wasserkraftwerke haben eine sehr lange Tradition vor allem in der Form der guten alten Mühlen, bei denen das Wasser ein hölzernes Mühlrad angetrieben hat. Viele dieser Mühlen wurden im Laufe der Zeit zu kleinen Hydrozentralen umgebaut, deren elektrische Generatoren den Strom entweder nur für die „Selbstversorgung" oder auch für die Versorgung von mehreren anliegenden Objekten erzeugen.

Die Funktionsweise einer solchen Wasserkraft-Anlage lässt sich gut an Hand eines konkreten Beispiels erläutern: In Gebsattel, bei Rothenburg ob der Tauber (Mittelfranken) betreibt die Firma Ostertag Schaltanlagen ein „hauseigenes", perfekt funktionierendes Kleinwasserkraftwerk, dessen Teile wir für die hier aufgeführten Abbildungen verwendet haben.

8   Private Kleinwasser-Kraftwerke

Theoretisch kann die Wasserkraft auf dieselbe Weise genutzt werden, wie alle anderen Energiequellen auch. Vier wichtige Voraussetzungen sind dabei in diesem Fall erforderlich:

- Fließgewässer
- Standstufe-Wehr mit Gefälle
- Wasserrechtliche Genehmigung
- Technisch fundierte Eigenleistung, kombiniert mit einem angemessenen Forschungstrieb

Zulauf Mühlbach mit Wehr und Rechen zum Wasserkraftwerk

Auslauf Mühlbach zur Tauber (in Gebsattel bei Rothenburg ob der Tauber)

Abb. 80 – Vereinfachte Darstellung der Funktionsweise eines Klein-Wasserkraftwerkes der Firma *Ostertag Schaltanlagen*

Abb. 81 – Der elektrische Generator (mit Getriebe) des Klein-Wasserkraftwerkes aus Abb. 80

9 Ratschläge zu baulichen Maßnahmen bei Neubau und Altbau sowie Tipps zum sinnvollen Energiesparen

9 Ratschläge zu baulichen Maßnahmen bei Neubau und Altbau sowie Tipps zum sinnvollen Energiesparen

In Zusammenhang mit der Nutzung von alternativen Energien werden den Bauherrn oft spezielle bauliche Maßnahmen empfohlen, die den Baukosten-Aufwand erhöhen.

Ein Bauherr, dem die Mittel für sein Bauvorhaben nicht als Eigenkapital zur Verfügung stehen, sondern der auf einen Bankkredit angewiesen ist, sollte sich daher lieber auf keine Experimente mit Anwendungen von „alternativen" Energien einlassen, die sich nicht bereits eindeutig als kostensenkend erwiesen haben – und die hat es bisher in Wirklichkeit noch nicht gegeben.

Es lohnt sich auch nicht, dass man „für alle Fälle" bauliche Maßnahmen vornimmt, die nur „vielleicht" oder „erst irgendwann" gebraucht werden könnten, denn es besteht keine Sicherheit, dass dann solche Maßnahmen und die dazu gehörenden Systeme auch noch „up to date" sein werden.

Die Technik schreitet mit großen Schritten voraus und auch auf dem Gebiet der Nutzung von alternativen Energien wird sehr intensiv geforscht. Vieles steckt aber noch in den Kinderschuhen und die meisten der bereits eingeschlagenen Wege sind wirklich „Holzwege", die in der jetzigen Form weder praktisch noch theoretisch eine Zukunft haben. Sie mögen zwar gut gemeinte Versuche darstellen, die sich der Umwelt als dienlich erweisen sollten, aber leider handelt es sich dabei meist um Sackgassen, da es bisher trotz aller Anstrengungen bei allen den bisherigen Systemen nicht gelungen ist, eine zukunftorientiert sinnvolle (und marktfähige) Wirtschaftlichkeit zu erzielen.

Das Hauptproblem bei der Erstellung und Installation der meisten sogenannten umweltfreundlichen Anlagen besteht darin, dass sie nicht in „energiesparen-

der" Handarbeit, sondern mit einem zunehmenden Einsatz von Öl, Gas und Strom fressenden Maschinen und Vorrichtungen zustande kommen. Dies hat leider zur Folge, dass im Zusammenhang mit der Herstellung und der Installation der meisten „energiesparenden" Anlagen oft mehr Energie verbraucht wird, als je zurückgewonnen werden kann. Im Prinzip müsste man in den kalkulierten Beitrag zu einer besseren Umwelt auch den Aspekt einbeziehen, dass das Geld, mit dem man den ganzen Spaß bezahlt, möglicherweise auch um den Preis einer gewissen Umweltverschmutzung verdient wurde.

Auch einer, der sein Geld mit Büroarbeiten bei einem Arbeitgeber in der Branche „alternative Energien" verdient, sitzt dabei in einem Gebäude, in dem schon für die Heizung, Beleuchtung und Verwaltung

11 Bauliche Maßnahmen beim Neubau und bei Altbau-Sanierung

viel Energie verbraucht wird. Und ist ein solcher Arbeitsplatz nur mit einem „treibstofffressenden" Fahrzeug erreichbar, kommt dazu noch der Treibstoff-Verbrauch.

Wer wirklich ernsthaft für die Umwelt etwas Sinnvolles tun möchte, sollte daher gut überlegen, auf welche Weise es sich am besten machen lässt. Vielleicht sollte man dabei weniger auf Maßnahmen achten, die gerade „IN" sind und mehr nach seinem eigenen Weg suchen, der sich an individueller Lebensart, persönlichen Maßstäben und Prioritäten orientiert.

Die vorhergehenden Überlegungen beziehen sich allerdings nicht auf bauliche Maßnahmen, die mit der normalen Nutzung der Sonnenenergie zusammenhängen. Wir alle nutzen ja laufend die Energie der Sonne in der Form ihrer riesigen Wärmespenden, die jeder von uns zwar als ganz selbstverständlich konsumiert, aber so richtig oft nur dann wahrnimmt, wenn er sich von der Sonne gezielt verwöhnen lässt. Dabei wärmt die Sonne unsere „Mutter Erde" und unsere „Nester" laufend fleißig auf. Das sollten wir bei baulichen Maßnahmen nicht vergessen. Die Behörden achten zwar darauf, dass die neu gebauten Häuser gut Wärme gedämmt sind, aber nicht immer werden dabei alle optimalen Vorsorgemaßnahmen vorgeschrieben bzw. getroffen.

Als eines der Beispiele dürfte die Bauweise eines Kellers angesprochen werden: Ein Keller, dessen Mauern z. B. mit Betonsteinen gebaut wurden, ist viel kälter, als ein Keller mit einem Mauerwerk aus Tonziegeln. Dabei wurde es zu einer echten Mode, die Keller bevorzugt aus Betonsteinen zu bauen. Man bezeichnet die Betonsteine natürlich oft etwas eleganter, aber es bleiben trotzdem kalte Betonsteine. Ein eiskalter Keller

kühlt das ganze Haus ab. Der eigentliche Baukosten-Unterschied zwischen Betonsteinen und Tonziegeln ist bei Großhandelspreisen ziemlich gering und die eigentlichen Baukosten werden unter Umständen durch die Anwendung von Tonziegeln nur unwesentlich verteuert (bei einem Einfamilien-Haus liegt der tatsächliche Aufpreis oft unterhalb von ca. 1.000 €). Ein warmer Keller und ein gut Wärme isolierter Dachboden können die Heizkosten kräftiger senken, als die beste solarthermische Anlage am Dach.

Bei einer Altbau-Sanierung sollte eine gute Wärmedämmung des Dachstuhls vorgenommen werden. Sie kann problemlos auch in Eigenleistung bewerkstelligt werden und die dadurch erzielbare Heizkosten-Einsparung ist höher als die, die man z. B. mit einer solarthermischen Anlage tatsächlich erzielt.

Generell dürfte sowohl bei der Planung eines Neubaus als auch bei der Planung von einer Altbau-Sanierung nicht die Tatsache unterschätzt werden, dass die Sonne das Haus aufwärmt und warm hält. Einige Tage im Jahr ist es zwar zu viel des Guten (da leidet man unter einer kräftigen Hitze), aber ansonsten ist es wichtig, dass man der Sonne den Zugang in die Wohnräume erleichtert. Das ist aber ein zu komplexes Thema, um es in Rahmen dieses Buches ausreichend erläutern zu können. Wir geben uns daher damit zufrieden, dass wir auf diesen wichtigen Aspekt mit Nachdruck hinweisen. Die so oft propagierte – und behördlich unterstützte – Thermosflaschen-Bauweise hat zwar den Vorteil, dass die Wärme aus dem Haus nicht nach außen entweicht, aber den Nachteil, dass so manches dieser Häuser gegen die Sonne – und somit gegen die natürlichste Nutzung der Sonnenenergie völlig isoliert ist.

9.1 Sinnvoll Energie und Geld sparen?

Sparen Sie Energie, tun Sie etwas für die Umwelt und gleichzeitig sparen Sie auch Geld. Das trifft sich gut.

Wir verwenden in unseren Haushalten überwiegend nur zwei Arten der Energie: den elektrischen Strom und die Wärme-Energie, die meist mit traditionellen Heizstoffen – wie Heizöl, Gas, Holz und Kohle – erzeugt wird.

Der elektrische Strom stellt in der Praxis eine Energie dar, die in vielen Fällen laufend genutzt wird. Nicht immer bewusst und nicht immer in großen Mengen aber dennoch. In unseren Haushalten – oder Häusern – gibt es viele elektrische Geräte, deren Verbrauch die meisten Anwender eigentlich nicht in den richtigen Proportionen ermessen können.

Dabei ist die Sache einfach, denn mit dem Stromverbrauch einer Glühbirne, eines Fernsehers oder einer Kochplatte ist es ähnlich, wie mit dem Benzinverbrauch Ihres Autos. Paradoxerweise weiß zwar jeder Autofahrer, was ungefähr ein Liter Benzin kostet, aber nur relativ wenige Menschen wissen, was eine Kilowattstunde Strom kostet – geschweige denn, was sie mit einer Kilowattstunde Strom anstellen können.

Was kostet Ihre Kilowattstunde?

Das steht in Ihrer letzten Rechnung, die Sie von Ihrem Stromlieferanten erhalten haben. Da auf einer ordentlichen Rechnung jeweils auch die Telefonnummer für eventuelle Rückfragen steht, können Sie sich bei Bedarf bei Ihrem Stromlieferanten über Ihren aktuellen Kilowattstunden-Tarif telefonisch informieren. Falls es Sie nicht interessiert, was Sie eine Kilowattstunde kostet, auch gut. Sie

können ja das Geld negieren und die Stromeinsparung einfach nur in Kilowattstunden vergleichen.

Was sind Kilowattstunden?

Da der elektrische Strom mit Vorliebe mit Wasserstrom verglichen wird, können wir den Stromverbrauch mit dem Wasserverbrauch vergleichen: Sobald Sie den Wasserhahn aufdrehen, fängt Ihr Wasserzähler an zu drehen und zählt ziemlich gewissenhaft jeden Liter Wasser, der bezogen wird. Auf dieselbe Weise verhält sich auch Ihr Stromzähler, der den bezogenen Strom in Kilowattstunden zählt.

Eine Kilowattstunde (kWh) wird verbraucht, wenn z. B. ein elektrisches 1.000-Watt-Heizgerät eine Stunde lang heizt:

1.000 Watt *mal* 1 Stunde = 1 kWh (1.000 Wattstunden)

> **Die Formel ist einfach**
>
> **Leistung** *in Watt* (W) **x Betriebsdauer** *in Stunden* (h) **= Stromverbrauch** *in Wattstunden (Wh)*

Denselben Verbrauch hat z. B. eine 100-Watt-Glühbirne, die 10 Stunden lang leuchtet:

100 Watt mal 10 Stunden = 1.000 Wattstunden, abgekürzt 1.000 Wh (1kWh)

Mit Hilfe eines Taschenrechners können Sie sich leicht den Stromverbrauch von beliebigen elektrischen Verbrauchern ausrechnen. Sie brauchen nur die Leistung des Verbrauchers (in

Watt oder in Kilowatt) mit seiner Betriebsdauer zu multiplizieren.

9.1 Sinnvoll Energie und Geld sparen?

Beispiel A

In einem Deckenlüster sind fünf 60-Watt-Glühbirnen. 5 x 60 Watt = 300 Watt. Sein Stromverbrauch pro Stunde beträgt:

300 Watt x 1 Stunde = 300 Wattstunden = 0,3 kWh

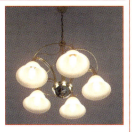

Beispiel B

Auf dem Typenschild an der Rückseite des Fernsehers steht u.a. „**230 V/74 W**". Die 230 V (230 Volt) beziehen sich auf die normale Netzspannung, die **74 W (Watt)** geben die „Leistungsabnahme" des Fernsehers an. Wie sieht es da mit dem Stromverbrauch pro Woche aus, wenn wir von ca. 25 Stunden „Einschaltdauer" ausgehen? Das lässt sich leicht ausrechnen:

74 W x 25 Std. = 1.850 Wattstunden = 1,85 kWh

In den technischen Unterlagen des Fernsehers finden wir auch seinen Standby-Verbrauch, der mit „stolzen" 3 Watt angegeben wird. Wie hoch ist dann der Standby-Stromverbrauch pro Woche?:

Ein Tag hat 24 Stunden, eine Woche 24 x 7 Stunden (= 168 Stunden). Von diesen 168 Stunden sollten wir nun „ordnungshalber" die 25 Stunden abziehen, während denen der Fernseher läuft:

168 Std. – 25 Std. = 143 Std.
3 W x 143 Std. = 429 Wattstunden = 0,429 kWh.

Wir können noch weiter rechnen: 1 Jahr hat 52 Wochen und **0,429 kWh mal 52 Wochen ergeben 22,3 kWh an Standby-Stromverbrauch pro Jahr**. Kostet uns eine kWh beispielsweise 0,17 €, sehen wir uns näher an, was uns dieser Spaß kostet:

22,3 kWh x 0,17 € = 3,79 € pro Jahr

Das sieht nicht gerade alarmierend aus, aber Vorsicht bitte: in einem Haushalt gibt es mehrere Geräte, die einen Standby-Strom beziehen, obwohl sie sich quasi tot stellen. Zu ihnen gehören auch diverse Schaltuhren, Funkschalter, Klingeltrafos und Leuchten mit Dämmerungsschaltern. Bei etwas Glück beziehen solche Mini-Stromfresser zwar nur etwa 0,5 bis 0,7 Watt, aber es summiert sich...

9.1 Sinnvoll Energie und Geld sparen?

Verbraucher:	→ verbraucht 1kWh (1.000 Wattstunden) innerhalb von:

Glühbirne 25 Watt .... **40 Stunden** (1.000 Wattstunden : 25 Watt = 40 Stunden)
Glühbirne 40 Watt .... **25 Stunden** (1.000 Wattstunden : 40 Watt = 25 Stunden)
Glühbirne 60 Watt .... **16,7 Stunden** (1.000 Wattstunden : 60 = 16,66 Stunden)
Glühbirne 100 Watt .... **10 Stunden** (1.000 Wattstunden : 100 Watt = 10 Stunden)

Energiesparlampe 7 Watt .... **143 Stunden** (1.000 Wattstunden : 7 Watt = 142,8 Stunden)
Energiesparlampe 9 Watt .... **111 Stunden** (1.000 Wattstunden : 9 Watt = 111,1 Stunden)
Energiesparlampe 11 Watt .... **91 Stunden** (1.000 Wattstunden : 11 Watt = 91 Stunden)
Energiesparlampe 15 Watt .... **66,6 Stunden** (1.000 Wattstunden : 15 Watt = 66,67 Stunden)

Fernseher 70 Watt .... **14,3 Stunden** (1.000 Wattstunden : 70 Watt = 14,3 Stunden)
Fernseher 150 Watt .... **6,6 Stunden** (1.000 Wattstunden : 150 Watt = 6,67 Stunden)
LCD-Fernseher 200 Watt .... **5 Stunden** (1.000 Wattstunden : 200 Watt = 5 Stunden)
Plasma-Fernseher 300 Watt .... **3,33 Stunden** (1.000 Wattstunden : 300 Watt = 3,33 Stunden)
Fernseher-Standby 2 Watt .... **500 Stunden** (1.000 Wattstunden : 2 Watt = 500 Stunden)

SAT-Receiver 20 Watt .... **50 Stunden** (1.000 Wattstunden : 20 Watt = 50 Stunden)
SAT-Receiver-Standby 6 Watt .... **166 Stunden** (1.000 Wattstunden : 6 = 166,66 Stunden)

Staubsauger 500 Watt .... **2 Stunden** (1.000 Wattstunden : 500 Watt = 2 Stunden)
Staubsauger 1.000 Watt .... **1 Stunde** (1.000 Wattstunden : 1.000 Watt = 1 Stunde)
Staubsauger 1.800 Watt .... **33 Minuten** (1.000 Wattstunden : 1.800 Watt = 0,55 Stunde)

Wasserkocher oder Kochplatte:
1.000 Watt .... **1 Stunde** (1.000 Wattstunden : 1.000 Watt = 1 Stunde)
2.000 Watt .... **1/2 Stunde** (1.000 Wattstunden : 2.000 Watt = 0,5 Stunde)

Elektronik einer Außenleuchte mit integriertem Annäherungs- und Dämmerungsschalter: *zusätzlicher Verbrauch der internen Elektronik:*
Standby-Verbrauch tagsüber ca. 0,5 Watt .... **2.000 Stunden** (1.000 Wattstunden : 0,5 Watt = 2.000 Stunden)
Verbrauch mit Dämmerungsrelais nachts ca. 1 Watt .... **1.000 Stunden** (1.000 Wattstunden : 1 = 1.000 Stunden)

Haushaltsgeräte, deren Verbrauch nicht konstant ist bzw. nur in Intervallen erfolgt:

Energiesparender Kühlschrank, 100 Liter Nutzinhalt - Energieverbrauch ca. 190 kWh/Jahr
Standard-Kühlschrank, 100 Liter Nutzinhalt - Energieverbrauch ca. 280 kWh/Jahr
Energiespar. Kühl-/Gefrierkombination, Nutzinhalt Kühlteil 173, Gefrierteil 57 Liter - Energieverbrauch ca. 280 kWh/Jahr
Energiesparender Gefrierschrank, 160 Liter Nutzinhalt - Energieverbrauch ca. 185 kWh/Jahr (Energieeffizienzklasse „A+")
Waschmaschine, 5 kg Füllmenge - Energieverbrauch ca. 0,8 bis 0,95 kWh pro Waschvorgang
Wäschetrockner, 5 kg Füllmenge - Energieverbrauch ca. 2,3 bis 3,7 kWh pro Trockenvorgang
Geschirrspüler, 12 Maßgedecke (Standard-Größe) - Energieverbrauch ca. 1,05 bis 1,25 kWh pro Waschvorgang

Tabelle 2 – Stromverbrauch diverser elektrischer Verbraucher

9.1 Sinnvoll Energie und Geld sparen?

Alles klar? Eine schnelle Übersicht zu diesem Thema finden Sie in der Tabelle 2.

Bei den meisten elektronischen Geräten und Maschinen ist der Stromverbrauch (die „Abnahmeleistung" in Watt) auf ihrem Typenschild angegeben, das sich an ihrer Rückseite (Waschmaschine) oder am Boden (Wasserkocher) befindet. Alternativ steht die „Fresssucht" des Gerätes unter den technischen Daten in der Bedienungsanleitung.

Am einfachsten ist es bei den Glühlampen oder anderen Leuchtkörpern (Energiesparlampen, Leuchtstoffröhren, LED-Leuchten) da hier der Verbrauch direkt mit der Bezeichnung zusammenhängt: Man kauft z. B. eine 60-Watt-Glühbirne oder eine 11-Watt Energie-Sparlampe.

Eine 60-Watt-Glühbirne hat einen theoretischen Stromverbrauch von 60 Wattstunden (0,06 kWh) pro Stunde und verbraucht eine Kilowattstunde (1 kWh) innerhalb von ca. 16,7 Stunden. Wenn Sie für eine Kilowattstunde z. B. 17 Cent zahlen müssen, kostet Sie hier eine „Betriebsstunde" fast genau einen Cent.

Eine gute 11-Watt-Energie-Sparlampe hat ungefähr die Leuchtkraft einer 55-Watt Glühbirne (gute Energie-Sparlampen geben bei derselben Stromabnahme bis zu fünfmal mehr Licht, als herkömmliche Glühbirnen). Diese 11-Watt-Sparlampe verbraucht eine Kilowattstunde erst innerhalb von ca. 90 Betriebsstunden (1 kWh : 0,011 kW = 90,9).

Der Verbrauch eines „elektrischen Verbrauchers" ist allerdings manchmal regelbar bzw. einstellbar oder der Verbraucher bezieht den Strom nur dosiert.

Regelbar ist der Stromverbrauch z. B. bei Lampen mit Hilfe eines Dimmers. Eine solche Regelung hat je-

Zu beachten

Ein Lichtdimmer senkt zwar bei Bedarf kräftig die Lichtintensität aber nur relativ wenig den Leuchten-Stromverbrauch. Eine Leuchteneinteilung in zuschaltbare oder abschaltbare Sektionen ist als Energie-Sparmaßnahme günstiger.

doch eine Schwachstelle: auch bei stark gedimmten Leuchten sinkt der Stromverbrauch nur relativ wenig, denn die Lichtintensität sinkt physikalisch bedingt viel schneller als der Stromverbrauch.

Viele elektrische Verbraucher beziehen den Strom nur dosiert. So schaltet z. B. der Thermostat eines Wasserkochers den Strom ab, sobald die Temperatur die eingestellte Schwelle erreicht hat und schaltet ihn danach nur noch dosiert zu, um die eingestellte Temperatur aufrecht zu erhalten. Ähnlich verhält sich ein Bügeleisen, ein Kühlschrank ein Tiefkühlgerät, eine Herdplatte, ein elektrisches Heizkissen usw. Die eigentliche „Nennleistung" dieser Geräte stellt daher nur einen zyklischen Verbrauch dar, der u.a. von der jeweiligen Umgebungstemperatur abhängt. Eine Tiefkühltruhe, die im kalten Keller steht, verbraucht

im Winter viel weniger Energie, als im Sommer.

Rein rechnerisch ist auch der Stromverbrauch einer Waschmaschine nicht nachvollziehbar, denn während der einzelnen Arbeitszyklen variiert der Stromverbrauch kräftig: Die elektrischen Heizstäbe für das Aufwärmen

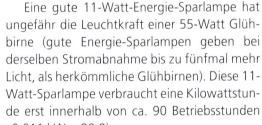

9.1 Sinnvoll Energie und Geld sparen?

des Waschwassers und der Trommel-Motor verbrauchen viel mehr Energie, als die kleineren Pumpen und Ventile. Man kann hier den tatsächlichen Stromverbrauch am einfachsten mit einem kleinen *„Energiekosten-Messgerät"* ermitteln, das nach *Abb. 82* in der Form eines Zwischensteckers erhältlich ist.

Mit diesem Messgerät kann der Stromverbrauch von allen gängigen Haushaltsgeräten gemessen werden.

Hinweis

Achten Sie bitte bei der Anschaffung eines solchen Messgerätes darauf, dass es auch niedrige Standby-Stromabnahmen (Leistungsabnahmen) ab ca. 0,2 Watt ermitteln kann. Es ist ja auch bei den Geräten mit niedrigem Standby-Verbrauch wichtig zu wissen, wie es mit ihrem Verbrauch konkret aussieht und welchen Stellenwert ein regelmäßiges manuelles Abschalten tatsächlich hat.

Theoretisch könnte zwar der Stromverbrauch eines Haushaltsgerätes auch durch das Ablesen des Netzanschluss-Stromzählers erfolgen, aber hier wirken sich u. a. Kühl- und Gefriergeräte, als „Spielverderber" aus, denn sie beziehen ihren Strom nur sehr unregelmäßig und unberechenbar. Ihr Verbrauch kann daher nicht als eine Stundenpauschale eingeschätzt und von dem Messergebnis des Stromzählers abgezogen werden.

Abb. 82 – Zum Messen des Stromverbrauchs gibt es diverse kostengünstige Messgeräte in Zwischenstecker-Ausführung (Anbieter: Conrad Electronic und Westfalia)

9.2 Wo und wie kann man Strom sparen?

Am einfachsten lässt sich Energie bei der Beleuchtung sparen. Wir verwenden als künstliche Lichtquellen immer noch zu viele Glühbirnen und zu wenig Energiesparlampen, Leuchtstofflampen und Leuchtdioden, obwohl dadurch bei der Beleuchtung bis zu 80% der Stromkosten eingespart werden können.

Die richtige Leuchtkörper-Wahl

Das Angebot an diversen energiesparenden Lampen und Leuchten ist gegenwärtig sehr groß – und die Verwirrung der potenziellen Anwender ebenfalls. Dies kommt vor allem durch das Chaos in den anwendungsgerechten Qualitätsmerkmalen: Manche der Lampen erzeugen ein unnatürliches Licht, andere blinken zu lange hin und her, bevor sie sich zum normalen Leuchten entschließen und viele der Energie-Sparlampen müssen sich einige Minuten lang aufwärmen, bevor sie überhaupt ordentlich leuchten. Über solche Eigenheiten findet sich auf den Lampen oder Leuchten kein deutlicher Hinweis. Der Kunde hat dann oft das Nachsehen, ignoriert verständlicherweise alle solche fraglichen Leuchtkörper, wählt den Weg des kleinsten Risikos und bleibt bei den „guten alten" (aber verfressenen) Glühbirnen, die zudem auch noch sehr billig erhältlich sind.

Dabei gibt es viele wirklich gute und energiesparende Lampen, aber – im Vergleich zu dem Einkauf normaler Glühbirnen – sollte hier auf einige spezielle Eigenheiten geachtet werden, die in Hinsicht auf die eine oder andere Anwendung von Bedeutung sind. Wir sehen uns daher nun genauer an, welche Eigenschaften diese „elektrischen Verbraucher" aufweisen, wodurch sie sich voneinander unterscheiden und worauf beim Kauf zu achten ist:

Herkömmliche Glühlampen (Glühbirnen)

Die herkömmlichen Glühlampen wandeln etwa 94 bis 96 % der bezogenen elektrischen Energie in Wärme, und nur ca. 4 bis 6% in Licht um. Man dürfte sie daher als elektrische Heizkörper bezeichnen, die zusätzlich auch noch leuchten. Klare Glühlampen haben meist einen etwas höheren Wirkungsgrad als matte Glühlampen.

Halogenlampen

Eine um etwa 20 bis 45% höhere Lichtausbeute als die „normalen" Glühlampen haben Halogenlampen. Diese Lampen gibt es wahlweise für eine 12-Volt- oder 230-Volt Spannungsversorgung. Die 12-Volt-Halogenlampen benötigen einen Transformator, in dem ein Teil der bezogenen elektrischen Energie verloren geht. In einfacheren Transformatoren gehen bis zu 10% der bezogenen Energie verloren. 230-Volt-Halogenlampen können dagegen direkt an das 230 V~ Netz angeschlossen werden und weisen somit entsprechend geringere Energieverluste als die 12-Volt-Halogenlampen auf.

Abb. 83 – Energiesparlampe in der Küche
(Foto: Conrad Electronic)

9.2 Wo und wie kann man Strom sparen?

Energie-Sparlampen

Energie-Sparlampen gibt es in verschiedenen Ausführungen – worunter auch in Formen, die den normalen Glühlampen ähnlich sind. Sie benötigen für dieselbe Lichtausbeute nur etwa 20% der Energie, die eine normale Glühlampe bezieht. Das Licht der moderneren Energie-Sparlampen ähnelt dem normalen Tageslicht. **Vorsicht:** einige dieser Lampen leuchten nach dem Einschalten nur sehr schwach und brauchen eine längere Zeit (manchmal mehr als eine Minute) bevor sie ihre optimale Lichtstärke erreichen. Solche Lampen eignen sich daher nur z. B. für eine Außenbeleuchtung, die automatisch von einem Dämmerungsschalter sozusagen jeweils rechtzeitig eingeschaltet wird. Für die Beleuchtung von Räumen, bei denen das Licht auf Abruf benötigt wird, sind solche Lampen nicht geeignet. Sollten Sie solche Lampen versehentlich dennoch kaufen, machen Sie bei Bedarf Gebrauch von Ihrem Rückgaberecht.

Leuchtstofflampen

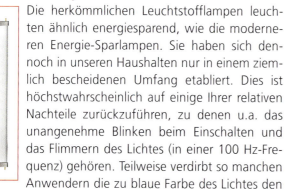

Die herkömmlichen Leuchtstofflampen leuchten ähnlich energiesparend, wie die moderneren Energie-Sparlampen. Sie haben sich dennoch in unseren Haushalten nur in einem ziemlich bescheidenen Umfang etabliert. Dies ist höchstwahrscheinlich auf einige Ihrer relativen Nachteile zurückzuführen, zu denen u.a. das unangenehme Blinken beim Einschalten und das Flimmern des Lichtes (in einer 100 Hz-Frequenz) gehören. Teilweise verdirbt so manchen Anwendern die zu blaue Farbe des Lichtes den Spaß an solcher Lichtquelle – was allerdings gegenwärtig durch die Wahl der richtigen „Tageslicht-Leuchtstofflampen" leicht zu vermeiden ist. Auch das „Herumblinken" der Lampe nach dem Einschalten kann einfach dadurch verhindert werden, dass der ursprüngliche thermisch arbeitende Starter durch einen baugleichen elektronischen Starter ersetzt wird, wodurch das Aufleuchten solcher Lampe nach dem Einschalten ähnlich erfolgt, wie z. B. bei einer Glühbirne. Die Lebensdauer der Leuchtstofflampen verkürzt sich bei jedem Einschaltvorgang um annähernd ein Tausendstel. Das kann bei einigen der teuren (geformten) Lampen die Anwendung in Räumen verhindern, in denen das Licht zu oft ein – und ausgeschaltet wird. Muss z. B. aus einer Küche oft etwas geholt werden, ist es sinnvoll, dass zu diesem Zweck noch zusätzliche Leuchten mit z. B. normalen Glühlampen an der Decke nach *Abb. 84* installiert werden, die einen separaten Schalter erhalten.

Abb. 84 – Beispiel einer kombinierten Küchenbeleuchtung mit Leuchtstofflampen und normalen Glühlampen

9.3 Die heimlichen Stromfresser

Zu den bekanntesten heimlichen Stromfressen gehören diverse Standby-Geräte der Unterhaltungselektronik. Über den hohen Standby-Verbrauch wird zwar seit einigen Jahrzehnten schwer gelästert, aber das Einzige, was bisher den Politikern und ihren Mitarbeitern in den Ministerien zu diesem Thema eingefallen ist, war die Empfehlung, dass man bei Geräten mit Standby jeweils den Hauptschalter ausschalten soll, um Energie zu sparen. Das ist allerdings eine Empfehlung, die nicht bei allen Geräten anwendbar ist. Geräte, die vorprogrammiert werden müssen und über keine zusätzliche Datenspeicherung (z. B. einen Gold-Cap-Akku) verfügen, verlieren ihre Daten nach sehr kurzer Zeit – was manchmal unakzeptabel ist. Viel einfacher wäre es, die Hersteller dazu zu bringen, dass sie sich etwas mehr Mühe machen, um den Standby-Verbrauch ihrer Geräte zu verringern.

Dass es leicht machbar ist, können wir z. B. sogar an billigen Funkweckern oder Funk-Wanduhren sehen: so ein Funkwecker oder eine Wanduhr empfängt in kurzen Zeitspannen die Funksignale des Frankfurter Senders, stellt dabei die Uhr auf die präzise Zeit um, schaltet sie bei einer Zeitumstellung (Winterzeit/Sommerzeit) automatisch um, treibt bei einer Zeigeruhr die an sich schweren Zeiger mit kurzen elektrischen Stößen jede Sekunde an und ihr Jahresverbrauch liegt bei bescheidenen 1 bis 1,4 Wh (wird von einer Batterie bezogen, die etwa 2 Jahre mitmacht). Viele der Geräte der Unterhaltungselektronik haben dagegen einen bis über tausendmal höheren Standby-Verbrauch. Weshalb? Weil es vielen Herstellern egal ist, da sie davon ausgehen, dass die Kunden davon ohnehin nichts verstehen bzw. dass es sie gar nicht interessiert.

Zu den ausgesprochen unauffälligen „Stromfresserchen" gehören viele Mini-Leuchten mit Sensoren *(Abb. 85)* die nach außen den Eindruck erwecken, dass in ihnen nichts vorgeht und dabei beziehen sie ununterbrochen einen Standby-Strom auch dann, wenn sie nicht leuchten. Es handelt sich dabei allerdings nur um einen sehr geringen Stromverbrauch, der bei guten und modernen Geräten mit ungefähr 4 bis 6 kWh pro Jahr (und pro Gerät) zu Buche schlägt. Bei einem Kilowattstunden-Preis von 17 Cent verbraucht solch ein Gerät Strom für nur etwa 70 Cent bis einen Euro. Schaltet man so eine Leuchte jeweils tagsüber ab, werden dadurch nur etwa 60% der Kosten eingespart. Nicht alle Geräte haben jedoch einen derartig niedrigen Standby-Verbrauch.

Bevor sie eine Leuchte *(Abb. 86)* oder ein anderes Gerät – worunter z. B. einen funkgesteuerten Rolladen-Elektroantrieb *(Abb. 87)* oder Garagentor-Antrieb kaufen, sollten Sie in den technischen Daten des Empfängers seinen Standby-Verbrauch ausfindig machen. Ist diese Angabe nicht auffindbar, kann es sich um ein Gerät mit einem hohen Standby-Verbrauch handeln, dass Sie lieber nicht kaufen sollten.

9.3 Die heimlichen Stromfresser

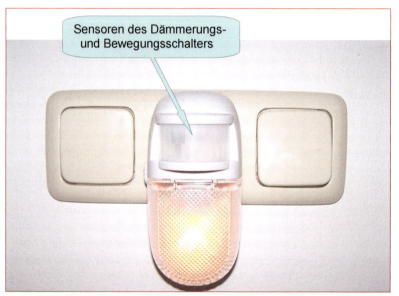

Abb. 85 – Gut zu wissen: Auch kleine Nachtlicht-Leuchten, die sich bei einer Dämmerung automatisch selber einschalten oder die noch mit einem zusätzlichen Bewegungssensor ausgelegt sind, beziehen laufend Standby-Strom aus dem elektrischen Netz

Abb. 86 – Außenleuchten, die mit einem Dämmerungsschalter ausgelegt sind, beziehen ebenfalls einen Standby-Strom, der bei manchen Produkten überproportional hoch ist

Abb. 87 – In allen funkgesteuerten Geräten und Vorrichtungen befindet sich ein Funk-Empfänger, der ständig in Betrieb sein muss und somit laufend einen Standby-Strom bezieht, der bei „soliden" Produkten in den technischen Daten der Bedienungsanleitung aufgeführt ist

9.4 Die größeren Stromfresser

Geschirrspül-Automaten, Waschmaschinen, Wäschetrockner, Kühl- und Gefrierschränke gehören zu der „hungrigsten" Gruppe der Haushalts-Elektrogeräte. Alle diese Geräte sind zwar „alternativ" auch als Energiespargeräte erhältlich, aber eine kräftigere Energie-Einsparung ist eigentlich nur bei den Kühl- und Gefriergeräten technisch möglich. Zudem kann bei diesen Geräten viel Strom gespart werden, wenn sie nicht zu oft geöffnet werden und nicht länger als unbedingt notwendig jeweils offen bleiben, denn dadurch wärmen sie sich innen auf und die Kühlung verbraucht mehr Strom. Geschirrspül-Automaten und Waschmaschinen verbrauchen viel Strom für das Aufwärmen des kalten Leitungswassers. Waschen bei etwas niedrigeren Wassertemperaturen kann sich daher als energiesparend auswirken.

Alles, was elektrisch wärmt, heizt oder backt verbraucht sehr viel Strom. Abgesehen von elektrischen Heizkörpern, die z. B. ununterbrochen heizen müssen, benötigen die meisten Haushaltgeräte größere Portionen Strom überwiegend nur kurz dosiert bzw. relativ selten (z. B. beim Braten einer Weihnachtsgans). Wirklich energiesparend arbeiten z. B. Wasserkocher, deren elektrische Heizspirale sichtbar im Inneren des Kochers befindet – wodurch sie von allen Seiten von Wasser umgeben ist und praktisch die volle elektrische Energie verlustfrei für das Aufwärmen bzw.

Kochen des Wassers nutzt. Die Kehrseite der Medaille: solche Heizspiralen verkalken schneller und lassen sich schlechter sauber halten als Heizkörper, die unter dem Boden des Wasserkochers untergebracht sind (die jedoch wiederum nicht so verlustarm kochen).

Fernseher werden zwar nicht als Energie-Spargeräte angeboten, aber in den letzten Jahren ist der Stromverbrauch bei Bildröhren-Geräten fast um die Hälfte gesunken. Wer sich gegenwärtig ein „etwas größeres" LCD- oder Plasma-Fernsehgerät anschafft, dürfte damit rechnen, dass der Stromverbrauch des neuen Gerätes bis um das Sechsfache höher werden kann, als der seines älteren Fernsehers. Plasma-Geräte haben dabei (momentan) im Durchschnitt einen höheren Stromverbrauch, als LCD-Geräte.

9.5 Einsparungsmöglichkeiten bei den Heizkosten

Abgesehen von den Möglichkeiten, die eine Kombination der „Spenden der Natur" mit herkömmlichen Heizsystemen bietet, kann viel Energie durch eine Dosierung und Verteilung der Heizenergie im Haus eingespart werden. Das lässt sich theoretisch am leichtesten durch eine gut durchdachte Grundeinstellung der Wärmestufe an den Thermostaten einzelner Heizkörper bewerkstelligen. Die einfachen Thermostate reagieren jedoch auf Veränderungen der Temperatur zu träge. Es gibt inzwischen diverse elektronische Thermostate *(Abb. 88)*, die genauer – und somit energiesparender – arbeiten.

> **Wichtig**
>
> Nicht jeder Thermostat passt automatisch auf jeden Heizkörper, denn es gibt da unterschiedliche Durchmesser und Ausführungen der Anschlüsse. Sie können sich viel Ärger ersparen, wenn Sie Ihren bestehenden alten Thermostat demontieren und diesen zu dem Händler mitnehmen, bei dem Sie Ihren neuen Thermostat zu kaufen beabsichtigen.

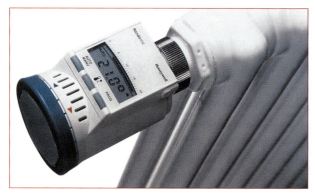

Abb. 88 – Elektronische Heizkörper-Thermostate ermöglichen u. a. eine auf die Tageszeit bezogene Vorprogrammierung der Temperatureinstellung und tragen durch eine genauere Überwachung der Raumtemperatur zu der Energieeinsparung wirkungsvoll bei (Foto: Conrad Electronic)

Und wie geht's weiter?

Wir haben es uns mit dem Thema „Hausversorgung mit alternativen Energien" wirklich nicht leicht gemacht. Das, was in diesem Buch steht, beruht nicht auf Abschreiben von werbewirksamen Firmenprospekten oder Artikeln aus Zeitschriften, die auf diesem Gebiet ihre Berichterstattung ähnlich verkaufsfördernd interpretieren, wie es viele Frauenzeitschriften mit den Produkten der Kosmetikindustrie machen. Zeitschriften brauchen aber die Anzeigen der Hersteller...

Beim Verfassen aller der hier beschriebenen Themen haben wir sehr gründlich recherchiert und die Ergebnisse als erfahrene Profis so interpretiert, wie wir es nach unserer fachlich begründeten Überzeugung gewissenhaft für den Leser leicht verständlich erläutern konnten. Wer für dieses Buch sein gutes Geld ausgegeben hat, sollte hier objektive und nützliche Auskünfte finden, die das investierte Geld wert sind.

Während der letzten drei Monate (September bis November 2006) bei dem „Endschliff" an diesem Buch haben die Heizöl-, Gas- und Holzpellet-Preise derartig große Sprünge gemacht, dass wir die hier aufgeführten Berechnungs-Beispiele (mit informativen Preisangaben) dreimal überarbeiten mussten. Demzufolge mussten wir auch einige der ursprünglich gut gemein-

9.5 Einsparungsmöglichkeiten bei den Heizkosten

ten – und umweltfreundlich orientierten – Vorschläge entsprechend modifizieren, um den Leser „reinen Wein" einschenken zu können.

So waren z. B. noch im August dieses Jahres die Holzpellet-Preise in Hinsicht auf die Heizkraft-Berechnung wesentlich günstiger als die Heizöl- und Erdgas-Preise, aber innerhalb von den folgenden drei Monaten hat alles eine neue Entwicklung genommen: Nicht nur, dass die Heizöl- und Erdgas-Preise kräftig gesunken sind, die Holzpellet-Preise negierten diese Marktsituation völlig und sind enorm gestiegen. Zudem kam es bei vielen Holzpellet-Anbietern zu Engpässen bei den Lieferzeiten. So wurde aus einem preisgünstigen und umweltfreundlichen Heizstoff innerhalb von drei Monaten ein „überteuerter Heizstoff".

Das kann sich natürlich in der Zukunft wieder schnell ändern. Fragt sich jedoch, wann und in welcher Richtung. Die Herstellung von Holzpellets wird momentan noch subventioniert. Sollten die Subventionen eines Tages wegfallen (wenn die Holzreserven in Europa verbraucht werden), ist kaum anzunehmen, dass man „der Umwelt zuliebe" importiertes Brennholz aus den Regenwäldern noch subventionieren wird.

Die Öl exportierenden Länder stellen wiederum ein „heißes Pflaster" dar, wodurch weitere Schwankungen der Ölpreise quasi vorprogrammiert sind. Zudem steigt in vielen Ländern des wirtschaftlichen Aufschwungs der Ölbedarf, wodurch wiederum ein gleitender Preisanstieg dieses Rohstoffs vorauszusehen ist.

Zu allen diesen Faktoren dürften auch diverse weitere „Erfindungen" der Politiker einbezogen werden, zu denen z. B. der Trick mit der Rapsöl-Subventionierung gehört: erst subventionierte es „der Staat" mit Hilfe der Steuergelder, danach hat man sich einfallen lassen, dass es ja der Bürger direkt zahlen könnte. Man mischt das Rapsöl einfach in das Benzin hinein, erhöht

die Benzinpreise und die Sache ist geritzt. Da stellt sich natürlich die Frage, was uns in der Zukunft noch alles in „irgendetwas" irgendwie beigemischt – und zugemutet – wird und ob es wirklich „der Umwelt zuliebe" getan wird oder ob es sich dabei nur um eine Tarnung für eine weitere Abzocke handelt.

Dieses Buch dürfte Ihnen als ein sinnvoller Wegweiser bei Ihren Planungsüberlegungen behilflich sein, den optimalen Weg zu finden. Jeder Mensch hat aber seine individuellen Maßstäbe und Ansichten – und das gilt auch für diejenigen, die an der Verfassung dieses Buches auf irgendeine Weise teilgenommen haben. Die eigentliche Ausgangsphilosophie dieses Buches beruhte auf der Absicht, dem Leser die Möglichkeiten der Anwendung umweltfreundlicher alternativer Energien im positiven Sinne zu zeigen und zu erläutern. Alles im Leben hat jedoch seinen Preis und nicht jeder kann es sich erlauben, jeden Preis zu zahlen. Daher wurden in diesem Buch alle Themen so erläutert, dass sich jeder auch eine genauere Vorstellung von den Kosten und der tatsächlichen Rendite verschiedener Systeme machen kann. Diejenigen, die sich von der Anwendung der alternativen Energien auch einen finanziellen Vorteil versprechen (und das ist die Mehrzahl der Bürger), haben in diesem Buch auch Hinweise auf Schwachstellen und Risiken gefunden die Sie vor eventuellen Enttäuschungen bewahren können. Wer es sich erlauben kann, teurere Anliegen problemlos zu finanzieren, findet hier dennoch viele interessante Informationen über die Funktionsweise, die damit verbundenen Kosten und die baulichen Maßnahmen.

An Tüftler und Heimwerker haben wir hier auch gedacht: für die bietet vor allem die Fotovoltaik eine interessante Spielfläche für kleinere oder größere Selbstbau-Projekte, die leicht eigenhändig in Angriff genommen werden können und die sich in der Praxis oft als sehr nützlich erweisen dürften.

Gefällt Ihnen dieses Buch? Vielleicht sind Sie noch an weiteren Themen interessiert, die von **Bo Hanus** verfasst und vom **Franzis Verlag** herausgegeben wurden? Hier die Übersicht der aktuellen Titel:

- Öl- und Gasheizung selbst warten und reparieren *(neu, 128 S.)*
- Sanitäranlagen selbst reparieren *(neu, 128 S.)*
- Wie nutze ich Solarenergie in Haus und Garten? *(7. Auflage, 120 S.)*
- Solar-Dachanlagen selbst planen und installieren *(2. Auflage, 128 S.)*
- Wie nutze ich Windenergie in Haus und Garten? *(3. Auflage, 97 S.)*
- Elektrische Haushaltsgeräte selbst reparieren *(neu, 128 Seiten)*
- Digitale Sat-Anlagen selbst umrüsten/installieren *(neu, 128 Seiten)*
- Haushaltselektrik selbst installieren und reparieren *(neu, 128 S.)*
- Haushaltselektronik selbst reparieren *(neu, 128 Seiten)*
- Der leichte Einstieg in die Elektrotechnik *(219 S.)*
- Drahtlos schalten, steuern und übertragen in Haus und Garten *(234 S.)*
- Drahtlos überwachen mit Mini-Videokameras *(205 S.)*
- Experimente mit superhellen Leuchtdioden *(neu, 153 S.)*
- Schalten, Steuern und Überwachen mit dem Handy *(2. Auflage, 97 S.)*
- Elektroinstallationen in Haus und Garten – echt leicht! *(97 S.)*
- Solaranlagen richtig planen, installieren und nutzen *(2. Auflage, 300 S.)*
- Solarstromnutzung beim Campen, im Caravan, Wohnmobil und Boot *(97 S.)*
- Spaß & Spiel mit der Solartechnik *(112 Seiten)*
- Das große Anwenderbuch der Solartechnik *(2. Auflage, 367 S.)*
- Das große Anwenderbuch der Windgeneratoren-Technik *(319 S.)*
- Der leichte Einstieg in die Mechatronik *(neu, 268 S.)*
- Der leichte Einstieg in die Elektronik *(5. Auflage, 363 S.)*
- So steigen Sie erfolgreich in die Elektronik ein *(4. Auflage, 97 S.)*
- Spaß & Spiel mit der Elektronik *(120 S.)*
- Erfolgreicher Service elektronischer Musikinstrumente *(343 S.)*
- Das große Anwenderbuch der Elektronik *(2. Auflage, 351 S.)*
- Selbstbau-Roboter für Alarm- & Sicherheitsaufgaben *(172 S.)*
- Kampfspiel-Roboter im Selbstbau – Robot WARS *(97 S.)*

Bemerkung: Einige der hier aufgeführten Bücher sind möglicherweise inzwischen im Buchhandel „vergriffen", stehen aber in Städtischen Büchereien als Leihbücher zur Verfügung bzw. werden da für den Interessenten besorgt.

Hersteller und Lieferanten-Nachweis:

Atmos Öfen, **HHG** Haustechnik Handels GmbH, Braugasse 4a, 07952 Pausa/Vogtl., Tel. 037432/508022, Fax 037432/508025

Conrad Electronic, Klaus Conrad Straße 1, 92240 Hirschau, Tel. 0180/532111, Fax 0180/531210, Internet: **www.conrad.de**

Ostertag Schaltanlagen GmbH & Co. KG (Schaltanlagen, Steuerungen, Mess-& Regeltechnik und SPS-Automatisierungstechnik für Wasserkraftwerke), 91607 Gebsattel, An der Dorfmühle 8, Tel. 09861/7627, Fax 09861/3556, Internet: www.ostertag-schaltanlagen.de

Ulrich Brunner GmbH, Internet: **www.brunner.de**

Westfalia, Werkzeugstraße 1, 58082 Hagen, Telefon 0180/53 03 132, Fax 0189/53 03 130, nternet: **www.westfalia.de**

Wodtke GmbH, Rittweg 55-57, 72070 Tübingen-Hirschau, Tel. 07071/70030, Fax 07071-7003-50, Internet: info@wodtke.com

Stichwortverzeichnis

A

Abschreibungs-Summe 16
Aufwärmen und Warmhalten des
  Warmwassers im Speicher 31
Ausdehnungsgefäß 25

D

Dauerbrand-Holzöfen 59
Durchlauferhitzer 36

E

Einspeisezähler 89
elektrische Durchlauf-
  Wassererhitzer 37
elektrische Untertisch-
  Durchlauferhitzer 38
Elektro-Heizstab 34
Erdgas 14
Erdkollektoren 68, 79
Erdsonden 68
Expansionsventile 64

F

Flachkollektoren 24
Fördermittel 66
Förderschnecke 44, 48
Förderschnecken-Motorantrieb
  49
Formel: Strom/Leistung/Spannung
  99
Fußbodenheizung 67

G

Gas- und Öl-Heizkessel 55
Gas-Heizkessel 14
Gleichstrom-Pumpe 91
Grundwasser-Nutzung 68

Grundwasser-
  Wärmepumpensystem 83

H

Heizkessel auf Sommerbetrieb 28
Heizkosten-Anteile für den
  Warmwasser-Speicher 33
Heizkreispumpe 25, 27
Heizöl 14
Heizwasser-Pufferspeicher 65
Heizwert 11, 12
Holzöfen 59
Holzpellet-Öfen 45
Holzpellet-Preise 13
Holzpellet-Zentralheizungsanlage
  56
Holzpellets 12, 40

J

jährliche Heizkosten 56
Joule 12

K

Kachelöfen 60
Kaminöfen 59
Kilokalorien 12
Kombination von einem
  Kachelofen mit einem offenen
  Kamin 62
Kompressor (Verdichter) 64
Kondensator 64
Kostenvergleich 13, 78
Kostenvergleichs-Beispiel 81

L

Laderegler 91, 94, 96
Ladespannung 98

Ladestrom 101
Luftwärmepumpe 82
Luftwärmepumpen 68

M

Maximale Leistung 97
Modul-Ausgangsspannung 92

N

Nachladen eines Akkus 100
Nennspannung 97
Nennstrom 97

O

offener Kamin 61
Öl-Heizkessel 14

P

Pellet-/Scheitholz Kaminofen 51
Pellet-Fördersystem 57
Pellet-Scheitholz-Kombikessel 52
Planschbecken 23
Primärenergieträger 11
Propeller-Windgenerator 106

R

Röhrenkollektoren 24

S

Savonius-Windgenerator 107
Silo 48, 49
Solar-Dachkollektor 24
Solarelektrische (Fotovoltaik-)
  Anlagen 88
Solarmodul 91
  am Garagendach 94
Solarmodule 102

Stichwortverzeichnis

Solar-Springbrunnenpumpe 93
solarthermische Anlage 27
solarthermische Dachanlagen 10
solarthermischer Kollektor 25
Solarzellen 89
Sonneneinstrahlung 97
Spannungsversorgung vom
    Solarmodul 91
Speicherpumpe 20, 25
Spektralverteilung 97
Springbrunnenpumpe 23
Springbrunnenpumpe am
    Solarmodul 92
Steuerungsautomatik 54
Strombedarf für die Heizkessel-
    Elektronik 15
Stromkosten 19
Stromverbrauch 74

T
Temperatursensor 25
thermische Solarkollektoren 23
Tiefentladeschutz 91, 95, 96

U
Umwälzpumpe 22

V
Verdampfer 64
Vergleich der Heizstoffpreise 50
Verschaltung von mehreren
    Solarmodulen 102
Versorgungsspannung 92

W
Wahl der Akku-Kapazität 99
Wärmedämmung 75

Wärmepumpe 64, 66
    Stromanteil 70
Wärmepumpen-Heizung 77
Wärmetauscher 25, 27, 29
Wärmeträger-Leitung 29
Wärmeträgermedium 25, 27
Warmwasser-Ringleitung 20, 27
Warmwasser-Speicher 20, 25, 27,
    29
Warmwasser-Zirkulationspumpe
    25, 27
Wasserkraft 10
Wechselrichter 89, 91, 96
Windgenerator 106
Windparks 107

Z
Zellentemperatur 97
Zirkulationspumpe der
    Warmwasser-Ringleitung 20